Thomas Weber

100 Punkte Tag für Tag

Thomas Weber

100 Punkte Tag für Tag

Miethühner, Guerilla-Grafting und weitere alltagstaugliche Ideen für eine bessere Welt

Residenz Verlag

Für Adrian und Klara

Inhalt

»Du sitzt auf deinem Thron und schaust
auf diesen Schrottplatz dort hinaus
das Durcheinander macht dir Spaß«

Das Trojanische Pferd, *Lied für S.*

Die Pizza, der Papst und ich
Eine Erklärung vorab

Im Grunde ist es ganz einfach: Dieses Büchlein soll zum Nachmachen animieren, dich zum Weiterdenken anregen und insgesamt inspirieren. Deshalb freue ich mich auch über Widerspruch, über deine Einwände und weiterführenden Gedanken. Denn keiner von uns hat die Wahrheit gepachtet, auch ich nicht. Und allein wäre die Sache ohnehin aussichtslos. Da gehe ich ausnahmsweise sogar mit dem Papst d'accord, der mich immerhin dazu brachte, erstmals eine Enzyklika zu lesen, eine päpstliche Verlautbarung. Aus Neugier, und auch, weil ich wissen wollte, ob Franziskus wirklich ein »grüner Papst« ist und als Mitstreiter zu erachten wäre. Die frohe Botschaft lautet: Ja, das ist er!

Für uns aufgeklärte Menschen bleibt der Papst – wie jede andere real existierende Gestalt mit Rechtfertigung von »oben« auch – eine eher ambivalente Figur. Herr und Herrscher über einen weltlichen Verein, der zwar in Rückzugsgefechte verstrickt, in vielem aber eben doch nah dran an realen Problemen und Nöten der gemeinen Existenz ist. Auch in seiner schwülstig betitelten Schrift *Über die Sorge für das gemeinsame Haus,* die vordergründig von Umwelt, Klimawandel und seinen sozialen Auswirkungen handelt, sich letztlich aber unserer Lebensgrundlage widmet, unserem einzigen Habitat, dem gemeinsamen Haus eben.

Neu ist das freilich nur aus vatikanischer Sicht. Denn die Enzyklika beruft sich auf wissenschaftliche Erkenntnisse, die uns seit Jahren nicht gerade vorenthalten werden. Dass der Papst in seinen Ausführungen allerdings das Anthropozän anerkennt – das vom Menschen geprägte Erdzeitalter, in welchem die Menschheit zum dominierenden Einflussfaktor geworden ist, der Veränderungen selbst geologischer Reichweite verursacht hat –, das kommt einer Revolution gleich. Aufs Individuum heruntergebrochen, heißt das nichts weniger, als dass sich kein Mensch aus seiner Verantwortung stehlen kann. Handeln im Hier und Jetzt, das ist das Gebot der Stunde.

Was kann *ich* tun? Das haben sich viele von uns lange vor dem Papst gefragt. Möglichkeiten und Antworten möchte ich auf den folgenden Seiten aufzeigen. Wobei der Papst dabei nicht die geringste Rolle spielt.

Wenn man will, kann man die folgenden 23 Kapitel als Fortsetzung meines 2014 erschienenen Buchs *Ein guter Tag hat 100 Punkte* lesen, in dessen Untertitel ich nicht weniger als *alltagstaugliche Ideen für eine bessere Welt* versprochen habe. Dem folgend handelt es sich hier einfach um weitere Ideen. Band eins gelesen zu haben, ist keine Voraussetzung. Wobei er als ergänzende Lektüre durchaus zu empfehlen ist. Die Reihenfolge ist allerdings unerheblich, und auch die Kapitel in diesem Buch bedürfen keiner chronologischen Vorgangsweise. Beginne einfach dort zu lesen, wo dich deine Neugierde hinführt, wo du Anknüpfungspunkte zu deinem eigenen Leben zu entdecken meinst. Schließlich sind meine Vorschläge für den Alltag gedacht.

Wie gehabt bewege ich mich im Koordinatensystem, das die Creative-Commons-Kampagne *EinguterTag.org* aufgezogen hat. Ganz einfach, weil es sich als leicht fassbares und einfach verständliches Bezugssystem bewährt hat. Die Idee mit den 100 Punkten hatte also nicht ich. Sie stammt von Wirkungsforschern und Designern aus Vorarlberg und der

Schweiz. Der Satz »Ein guter Tag hat 100 Punkte« ist einprägsam und entspricht unserer Art zu denken. Und einen Referenzrahmen von 100 Punkten, den kapiert jeder. Diese 100 Punkte entsprechen jenen 6,8 Kilogramm CO_2, die statistisch jedem einzelnen Erdenbürger zur Verfügung stehen, damit wir global betrachtet nicht über unsere Verhältnisse leben. Käme jeder Einzelne mit 100 Punkten aus, dann würden wir gemeinsam nicht auf Ressourcen zurückgreifen, die in Folge unseren Kindern, Enkeln und Enkelskindern abgehen werden. Genau: 100 Punkte Tag für Tag – das wäre nachhaltig.

Unter *www.eingutertag.org* und auch als App stellen das Unternehmen *Kairos* und die Agentur *integral ruedi baur* dieses Koordinatensystem der Allgemeinheit zur Verfügung. Alltagsaktivitäten, Grundnahrungsmittel und weitverbreitete Gewohnheiten sowie der Gebrauch von Konsumartikeln werden dort in einer Datenbank mit Punkten bewertet. 100 Punkte hast du an jedem einzelnen Tag zur Verfügung. Liegst du darüber, dann verbrauchst du mehr Ressourcen, als dir von Natur aus zustehen.

Praktisch bedeutet das: Kaufst du dir in der Früh einen Coffee to go, dann bemisst sich etwa ein Cappuccino mit 3 Punkten. Schlürfst du ihn im Einwegbecher, dann kommen je nach Ausführung oder Beschichtung noch einmal 0,5 bis 2,5 Punkte dazu. Die Hebel, um hier Ressourcen zu sparen, sind offensichtlich: Trinkst du den Kaffee zu Hause, auf der Uni oder im Büro oder hast du unterwegs gar einen Mehrwegbecher dabei, lässt sich ohne Einschränkung gleich einmal der halbe Punkteverbrauch einsparen. Trinkst du den Kaffee allerdings auf dem Weg zur Arbeit und alleine im Kleinwagen sitzend, verbraucht allein die Fahrt über zehn Kilometer 17 Punkte. Lenkst du einen SUV, sind es 53 Punkte. Bist du in Begleitung auf dem Elektromoped unterwegs, dann braucht jeder von euch nur 0,1 Punkte.

Du siehst schon: Die Auswirkungen deines Alltags sind beachtlich, aber letztlich leicht beeinflussbar. Die Schwierigkeit liegt eher darin, dass in unseren Breiten im Schnitt jeder und jede Einzelne täglich auf 450 Punkte kommt. Auch kleine Taten sind dabei keinesfalls unnütz. Gerade unser aller Lebenswandel ist ein überdurchschnittlich großer Teil des globalen Problems. Dementsprechend wirkt sich jede Veränderung, die von uns ausgeht, von dir, auch überdurchschnittlich aus.

Trotzdem wäre es ein Trugschluss, zu glauben, dass sich die Lösung dieses Problems privatisieren und aufs Individuum abwälzen lässt. Klar ist: Auch wenn du als Einzelner dein Möglichstes tun sollst – wirklich weitreichende Auswirkungen haben vor allem politische Entscheidungen. Ein ganzes Kapitel widme ich folglich der Vergrößerung deines Wirkungskreises, deiner höchstpersönlichen Hebel: Das Kapitel »Werde Bürgermeisterin« ist unmissverständlich als Aufforderung gedacht, in die Politik zu gehen. Ja, ich habe das selbst durchaus auch schon in Erwägung gezogen. Doch letztlich ist das mit meiner Profession als Publizist schwer kompatibel.

Darüber hinaus erachte ich mich selbst aber eindeutig nicht als das, was manche vielleicht etwas abfällig einen »Schreibtischtäter« nennen. Von mir Vorgeschlagenes habe ich größtenteils selbst ausprobiert, vieles praktiziere ich gewohnheitsmäßig – und wenn nicht, dann verschweige ich das auch gar nicht.

Dass das Überthema Ernährung einen beträchtlichen Teil dieses Buches ausmacht, hat gleich mehrere Gründe. Zuallererst ist es pures Kalkül – essen muss jeder, mehrmals täglich, egal in welchem Alter, in welcher Lebensphase und mit welchem verfügbaren Budget. Außerdem erfasst der Megatrend *#Food* längst als Lifestyle alle Schichten. Foodies gibt es quer durch die Bevölkerung. Warum also nicht der wachsenden Zahl derer, die wissen wollen, was sie essen, auch reichlich Wissen um Zusammenhänge servieren, das hilft, Dinge zum Besseren zu bewegen? Eben.

Denn dass sich möglichst viele von uns fundiert mit Ernährung beschäftigen und dabei zur Erkenntnis gelangen, dass es sich beim Essen zwar um Genuss, aber eben auch um einen politischen Akt handelt, das ist dringend nötig. Schließlich beginnt Ernährung nicht am Teller. Produktionsbedingungen, Landwirtschaft, Ökologie, Soziales, Mobilität und Verkehr, Welthandel und Tierwohl – all diese Bereiche und noch viele mehr werden beim Essen erfasst. Folglich sollten wir sie möglichst oft durchkauen.

Bei den unzähligen Gesprächen, die sich nach Erscheinen meines Buches *Ein guter Tag hat 100 Punkte* ergeben haben – nach Lesungen, am Podium oder bei Diskussionen im kleineren Kreis –, bewegten wir uns fast immer irgendwann im Spannungsfeld *Bio vs. Regional*. Egal, ob in der Stadt oder auf dem Land, egal, ob ich mit Schülergruppen, mit meinen Studierenden an der Fachhochschule, vor jungen Müttern oder vom Pensionistenkränzchen geladen diskutierte – immer tauchte die Frage auf, was denn wirklich besser wäre: Biolebensmittel oder doch regional Produziertes? Ganz einfach lässt sich das nicht allgemeingültig beantworten. In einem der folgenden Kapitel versuche ich, der Komplexität des Themas gerecht zu werden.

»Such dir einen Bauern«, habe ich in meinem ersten Buch geraten. Diese Aufforderung möchte ich an dieser Stelle noch einmal mit Nachdruck wiederholen. Denn das Hinausgehen, das Nachfragen, das eigenhändige Ausprobieren – all das wird Tag für Tag wichtiger. Mit jedem Bauernhof, den unsere Gesellschaft verliert, wird nämlich die Entfremdung größer – und damit auch die Wolke der Unwissenheit, die sich nur durch Aufklärung wieder vertreiben lässt.

Als ich in den Neunzigerjahren Skifahren lernte, war das noch eine ziemlich bodenständige Angelegenheit. Nicht nur, weil ich damals, im alten Jahrtausend, öfters im Schnee lag. Stürze bleiben Anfängern auf Skiern auch heute nicht erspart. Sondern weil uns Neulingen mit einem ganz einfachen Vergleich verdeutlicht wurde, wie wir bergab langsam bleiben und einfach bremsen konnten. Die Skilehrerin, eine junge Bauerntochter, bezeichnete die vorne zugespitzte Stellung der beiden Skier völlig selbstverständlich als »Pflug«. Nicht nur in ihrer Bergbauernwelt, auch in unserem kollektiven Bilderschatz war das landwirtschaftliche Ackerwerkzeug zur Bestellung des Bodens von Kindesbeinen an vertreten. Meine Skikursgruppe war da keine Ausnahme. Ganze Generationen lernten Skifahren in der »Pflug«-Stellung – so wie sie in der Steinzeit mit dem zugespitzten Faustkeil talwärts gebrettert wären.

Heutigen Kindern erscheinen Pflug wie Faustkeil als Bildnis aus einer anderen, fernen Welt. Dieselbe Stellung wird heute als »Pizza« oder ob ihrer Keilförmigkeit oft auch als »Pizzaschnitte« bezeichnet. Nur um nicht missverstanden zu werden: Das ist nicht schlecht. Ich bin kein Kulturpessimist und finde es auch gut, dass wir den Soundtrack unseres Lebens heute nicht mehr auf Musikkassetten oder Compact Discs durch die Gegend tragen. Doch dass aus dem Pflug die Pizzaschnitte wurde, das veranschaulicht eindrucksvoll, wie sich unsere Welt binnen weniger Jahrzehnte weitergedreht hat – und mehrheitlich wohl weiterdrehen wird.

Wenn allerdings alle Welt weiß, was eine Pizza ist – die viele ja als Fertigprodukt oder die Pizzaschnitte als Fastfood essen –, vielen aber der Pflug mittlerweile kein geläufiger Begriff ist, dann wird es umso wichtiger, dass wir wissen, wie der Belag eigentlich auf den Germteig gelangt.

Weil ich immer wieder gefragt werde, auf wie viele Punkte ich selbst an einem durchschnittlichen Tag komme: Genau kann ich das nicht sagen; wirklich nicht. Außerdem bin ich weder ein pedanter Erbsenzähler, noch möchte ich päpstlicher sein als der Papst. Auch meine Tage sind Annäherungen an die 100-Punkte-Grenze – und fast immer aus dem dreistelligen Bereich kommend. Den Erfindern von *EinguterTag.org* ging es aus gutem Grund nicht ums dauernde Durchzählen von allem und jedem. Eher geht es der Initiative um Größenordnungen, ums Herstellen von Relationen – und darum, uns zur Erkenntnis zu verhelfen, dass ausgerechnet jene Tage, an denen wir auf sehr wenige Punkte kommen, die sind, bei denen wir uns abends rückblickend sicher sind: Ja, das war ein guter Tag.

Wobei da oft auch die Politik weiter ist, als wir wahrnehmen: »Kürzlich habe ich mit einem Berater der chinesischen Regierung gesprochen. Dort wird ganz intensiv über Maßnahmen nachgedacht, den Ressourcenverbrauch zu senken, zum Beispiel Dinge zu mieten statt zu kaufen«, erzählte vor einiger Zeit Jakob von Uexküll, der Gründer des Alternativen Nobelpreises und des World Future Councils, der *Süddeutschen Zeitung*. »Auf meine Frage, was die Sparmaßnahmen konkret für das Leben der nächsten Generationen bedeuten, hat er gesagt: weniger Autorennen, mehr Tanzwettbewerbe. Ich glaube, das bringt es ganz gut auf den Punkt.«

Pizza hin, Papst her – *das* glaube ich auch.

Thomas Weber
Wien, im Februar 2016

www.eingutertag.org

Trink Kaffee aus dem Pool

Nichts gegen Coffee to go. Der Koffeinkick unterwegs gehört – zu Recht! – zum urbanen Lebensgefühl. Statt aber den Becher nach dem Austrinken wegzuwerfen, nimm deinen persönlichen Kaffeebecher mit. Oder besser noch: Gib Pfandbechern eine Chance!

»Issst dasss schöööön«, schwärmt der Führer, als er sich auf einer Anhöhe einen kurzen Moment der Ergriffenheit gönnt. Der Blick noch über die deutschen Lande schweifend, kommt Hitler wieder zu sich, macht kehrt – und wirft beim Abgang einen leeren Pappbecher in die Botanik. Ratlos klaubt sein Lakai diesen auf – und eilt ihm zum Auto nach.

Es ist eine der vielen absurden Szenen, mit denen David Wnendt in seiner Verfilmung von *Er ist wieder da* spielt. Wie auch der Romanbestseller von Timur Vermes gewinnt der Film seine Komik aus Missverständnissen. Erinnern wir uns: Das Buch lässt plötzlich und völlig unerklärt im Berlin der Gegenwart in einer Baulücke einen verwirrten Adolf Hitler auftauchen. Der wirkt zwar schrullig und aus der Zeit gefallen, hält seine Gesinnung aber nicht zurück und wird – unaufhörlich gegen Migranten und die liberalen Gepflogenheiten wetternd – für eine gnadenlose Parodie gehalten. Mit seiner vermeintlich ironischen »Türkennummer« gerät er rasch zum Gesamtkunstwerk und gefeierten Talkshow-Skurrilo, der nie aus seiner Rolle fällt. Eben nicht einmal, wenn er drüben auf dem Feldherrnhügel in Naturromantik schwelgt und im selben Moment ohne Genierer den leeren Kaffeebecher in die Landschaft wirft. Befremdend konsequent, der Typ! Also unglaublich – und natürlich unfreiwillig – komisch.

Die Botschaft dieser lächerlich großen Geste lautet: Man gönnt sich ja sonst nichts – außer einem kurzen Blick in die Landschaft und einem Coffee to go. Und der ist im Nu getrunken, Müll, Geschichte.

Damit ist Hitler in der Karikatur von Timur Vermes wahnsinnig zeitgemäß und ein wunderbarer Repräsentant unserer Wegwerfgesellschaft – eben weil er die gängige Praxis des schnellen Verbrauchens plakativ bricht. Doch auch ganz ohne Ironie betrachtet sind die realen Zahlen gewaltig: Im Deutschland dieser Tage werden stündlich 320 000 Coffee-to-go-Becher weggeschmissen. Allein die deutsche Hauptstadt kommt laut Stiftung Naturschutz Berlin auf jährlich 170 Millionen Coffee Cups aus Plastik oder beschichteter Kartonage – das sind fast eine halbe Million Wegwerfbecher, die dort täglich im Müll landen oder auf öffentlichen Plätzen und in Parks liegen bleiben. Plastikdeckel aus Polystyrol und Trinkhalme, papierene Isoliermanschetten und Kunststoff-Rührstäbchen, die beim schnellen Koffeinkick oft ebenfalls zum Einmal-Einsatz kommen, fallen da vergleichsweise kaum ins Gewicht.

Theoretisch ließe sich zumindest ein Teil der Becher recyceln. Allerdings sind die Becher zwar aus Papierfasern, innen aber hauchdünn mit Kunststoff beschichtet, um beim Auffüllen mit heißen Getränken nicht gleich aufzuweichen und undicht zu werden. Sie können also allerhöchstens zu minderwertigstem Recyclingpapier verarbeitet werden. Meistens werden sie in der Papierverwertung als sogenannte »Spuckstoffe« abgesondert und verbrannt. Fast alle in Bäckereien und Stehcafés, von Coffeeshops, McDonald's und Starbucks, aber auch die von Street-Food-Koffeinrollern vor Unis und Hochschulen verkauften To-go-Kaffeehüllen landen ohnedies nach 15 Minuten direkt im städtischen Müll. Der dann im Idealfall »thermisch entsorgt« wird – was nichts anderes bedeutet, als dass er ebenso verbrannt wird. Mit seinen 15 Minutes of Fame ist die durchschnittliche Lebensdauer eines To-go-Bechers damit noch kürzer als die einer Plastiktüte. Die bleibt immerhin 25 Minuten im Einsatz.

Da Recyclingpapier durch die Belastung mit Schwermetallen in der Regel nicht für Lebensmittelverpackungen verwendet wird, kommt für fast jeden dieser Becher Neumaterial ins Spiel. Das heißt: Da werden für Papierfasern ganz klassisch Bäume genutzt. »Für die Herstellung der in Deutschland pro Jahr verbrauchten Coffee-to-go-Becher werden etwa 43 000 Bäume gefällt«, heißt es in einem Hintergrundpapier der Deutschen Umwelthilfe. Zu den 64 000 Tonnen Holz und 29 000 Tonnen Papier kommen weitere 11 000 Tonnen Kunststoff und ein Verbrauch von 1,5 Milliarden Litern Wasser und von 320 Millionen Kilowattstunden Energie hinzu. Wie gesagt: gewaltige Zahlen.

Coffee-to-go-Becher

Was also wären mögliche Lösungen dieses Problems? Die Umwelthilfe macht in ihrem Papier diesbezüglich individuelle, systemische und politische Vorschläge.

Der erste Ratschlag – »Nehmen Sie sich ein wenig Zeit und trinken Ihren Kaffee vor Ort aus einer Tasse!« – wird tatsächlich bereits von manchen Zeitgenossen beherzigt. Glauben wir der Statistik, dann vor allem von Frauen. Männer trinken doppelt so häufig Getränke to go, während Frauen dem klassischen Coffee to stay treu bleiben – und generell weniger Kaffee trinken. »Frauen genießen bewusster und nutzen Kaffee häufiger als eine Auszeit vom Alltagsstress. Zudem achten Frauen mehr auf ihre Gesundheit und vermeiden in der Regel exzessiven Kaffeekonsum«, erklärt Thomas Fischer, bei der Deutschen Umwelthilfe für Kreislaufwirtschaft zuständig.

Kaffee superentspannt aus dem Porzellan trinken – kann man, muss man aber nicht. Und die Vorstellung von Hitler als herrischem Slow-Food-Genussmenschen hat zwar ebenso Witz. Aber machen wir uns nichts vor: Als Alltagsparodie auf den gesellschaftlichen Zeitgeist taugt sie nicht – oder höchstens im Hinblick auf Nischen und das entspannte Frühstück am Wochenende. Der Regelfall bleibt eher die Getriebenheit des »to go«. Auch bei mir.

Der zweite Ratschlag – »Lassen Sie sich Ihren Kaffee für unterwegs in Ihren persönlichen, wiederverschließbaren Mehrwegbecher abfüllen!« – ist machbar, bedeutet allerdings ein Umdenken und einigen persönlichen Aufwand. Das Praktische am Becher ist ja eben, dass man ihn nicht mehr in der Hand hat, wenn man ihn nicht mehr braucht. Nichtsdestotrotz: Wer auf Street-Food-Messen flaniert oder gezielt im Netz nach Mehrwegbechern sucht, wird eine nicht geringe Auswahl an herzeigbaren, hochwertigen und gut verschließbaren Refiller Cups finden. Aus der Erfahrung weiß man, dass sich die bis zu tausend Mal und öfter befüllen und im Anschluss recyceln lassen. Nicht zu vernachlässigen: Mitunter hilft das Mitbringen des eigenen Mehrwegbechers auch dabei, Geld zu sparen. Einige Ketten und Coffeeshops geben Mehrwegrabatte. Diese Vergünstigungen sind allerdings ausbaufähig.

Tasse Espresso

Kaffee mit Milch

Am effizientesten wäre jedoch eine systemische oder aber eine politische Lösung des Müllproblems. Angeregt vom Erfolg der Erfahrungen mit einer Abgabe auf Plastiktüten in Irland – diese hat den Pro-Kopf-Verbrauch von Plastiksackerln von jährlich 328 auf 16 Stück gesenkt –, fordert die Deutsche Umwelthilfe deshalb die Einführung einer Abgabe von 20 Cent pro Einwegbecher to go. Laut Umfrage des Forschungsinstituts TNS Emnid würden diese beispielsweise 75 Prozent aller Berliner gutheißen. Rechtlich beruft sich die Umwelthilfe dabei auf das deutsche Kreislaufwirtschaftsgesetz, welches ausdrücklich den Einsatz ökonomischer Lenkungsinstrumente zur Vermeidung unnötiger Abfälle legitimiert.

Eine solche Abgabe wäre jedenfalls ein weniger drastischer Schritt als jener der New Yorker Stadtbehörden. »In New York lag schließlich so viel Polystyrol-Abfall in den Straßen herum, dass das Einweggeschirr kurzerhand verboten wurde«, erzählt Kreislaufwirtschaftsexperte Fischer. »Mehrwegbecher, die vom Verbraucher mitgebracht und wiederbefüllt werden, sind seitdem eine ernsthafte Alternative.« Durch die Einführung einer Wegwerfbecherabgabe könnte jeder, der seinen Mehrweg-to-go-Becher mitbringt, die Steuer einfach vermeiden, so Fischer. Eine Verbrauchersteuer auf Coffee-to-go-Becher müsse also nicht zwangsläufig vom Kunden gezahlt werden.

In New York gescheitert ist vor dem Verbot hingegen ein Versuch, den die Experten der Deutschen Umwelthilfe ebenfalls als gangbaren Weg erachten – und der sich womöglich leichter umsetzen lässt als gesetzliche Regelungen: das Kaffeetrinken aus dem Pool.

Cappuccino

Das Prinzip hinter sogenannten Pool-Systemen ist einfach – und im Grunde vielfach bewährt, etwa bei Pfandflaschen. Auf das Prinzip »to go« umgelegt bedeutet das, dass eine oder mehrere Kaffeehausketten in ihren Filialen dieselben Mehrwegbecher verwenden. Diese können mitgenommen und in anderen Filialen oder Partnerbetrieben zurückgegeben werden. Ein Becherpfand, das bei Rückgabe wieder ausgezahlt wird, garantiert, dass die hochwertigen Thermobecher möglichst häufig wiederverwertet und abgegeben werden. Was wir dabei vom Scheitern in New York lernen können: Dort nahmen erstens deutlich zu wenige Coffeeshops am Pool-System teil, weshalb es kaum bequeme Rückgabemöglichkeiten gab. Zweitens, so Thomas Fischer, »war der eingesetzte Mehrwegbecher nicht wiederverschließbar und somit eingeschränkt praktikabel«.

Latte macchiato

In geschlossenen, räumlich überschaubaren Systemen funktionieren Pool-Lösungen für Mehrwegbecher bereits problemlos – etwa wenn bei Großveranstaltungen Bier, Cola und andere Softdrinks ausgeschenkt werden. Über den Erfolg von städtischen Mehrwegbecher-Pools entscheiden wohl zwei Faktoren: einerseits die »Convenience« – also die bediente Bequemlichkeit beziehungsweise die Annehmlichkeit, das Becherpfand an möglichst vielen Orten wieder auslösen zu können. Andererseits natürlich: die Qualität des angebotenen Kaffees. Denn ein möglichst flächendeckendes Mehrwegbechersystem wäre zwar eine Riesenchance für die traditionelle Gastronomie, die zuletzt allerorts Geschäft an Fastdrink- und Street-Food-Anbieter verloren hat. Auch das beste Bechersystem kann allerdings mangelnde Kaffeequalität nicht wettmachen, an welcher etwa die Attraktivität so vieler altehrwürdiger Wiener Kaffeehäuser leidet. Die zahllosen, oft liebevoll und mit Leidenschaft für ihr Produkt betriebenen Coffeeshops haben uns Konsumenten mittlerweile gezeigt, wie richtig guter Kaffee schmecken kann. Mit liebloser Koffeinbrühe braucht uns keiner mehr kommen.

Nichtsdestotrotz: Wenn er dir angeboten wird, versuch es! Trink deinen Kaffee aus dem Pool! Wenn sich das Problem ohne Verbot lösen ließe: Wär' das schöööön.

Tipps

In ihrer Hashtag-Kampagne *#Becherheld* versucht die Deutsche Umwelthilfe seit einiger Zeit, Bewusstsein für das Bechermüllproblem zu schaffen. Der Claim der Superhelden-Kampagne: »Sei ein Becherheld! Trink Kaffee aus Mehrweg & schütze die Umwelt!«

www.becherheld.de

Das größte regelmäßig stattfindende Open-Air-Musikfestival der Welt, das jährliche Donauinselfest in Wien, setzt seit Jahren auf Mehrwegbecher. 2015 wurden über drei Tage hinweg 3,3 Millionen Besucher via Pfandbecher mit Getränken versorgt. Die Becher stammen von Cup Solutions.

www.cupsolutions.at

Lass den Zucker mitgehen

Zum Kaffee oder Tee bekommst du meistens Zucker serviert. Steck ihn einfach ein. Erstens hat ihn der Wirt in seine Rechnung mit einkalkuliert – du hast ihn also bezahlt. Zweitens landet er sonst nicht selten im Müll.

Beim Tee ist es leichter. Aber beim Kaffee ist es eine Glaubensfrage und somit eine Art religiöses Bekenntnis, wie wir ihn trinken: die einen tiefschwarz als Espresso oder doppelten Mokka. Andere »verlängert« – mit brühheißem Wasser aufgegossen – oder als Kleinen Braunen mit einem Schuss Milch. Mancher bevorzugt Cappuccino oder trinkt den Milchkaffee aus Gründen der Gesundheit (Unverträglichkeit) oder aber Gesinnung (Veganismus) mit gewärmtem Soja- oder Reissaft. Ich selbst erfülle das Klischee des Wieners und trinke nichts lieber als eine Melange – halb Kaffee, halb heiße, aufgeschäumte Milch. Zucker wäre da für meinen Geschmack vollkommen fehl am Platz. Reicht mir jemand versehentlich bereits gezuckerten Kaffee, dann muss ich den leider weiterreichen oder wegschütten. Mit Zucker wird das köstliche Koffein plötzlich zur scheußlichen, ungenießbaren Plörre. Wie gesagt: eine Geschmacks- und Glaubensfrage.

Trotzdem bekomme ich zu meiner Melange zumindest im Kaffeehaus jedes Mal unaufgefordert Zucker serviert – ebenso wie das obligate Gläschen Wasser, das ich allerdings selten stehen lasse. Kommt der Zucker im sogenannten Portionsspender – so nennt sich das meist aus festem Glas mit Stahlkappe und herausragendem Dosierrohr bestehende Gastro-Gebinde –, dann ist die Sache nicht der Rede wert. Wie Salzstreuer oder Pfeffermühle kannst du ihn nach Belieben verwenden oder er wartet unberührt auf den nächsten

Gast. Meist kommt der Zucker allerdings ungefragt in kleinen Säckchen oder manchmal gar lose als Würfel.

Natürlich wäre das bisschen Zucker am Kaffeetablett vollkommen egal. Schließlich spricht nichts dagegen, ihn gleich unberührt zurückzuschicken oder aber einfach übrig zu lassen. Wäre da nicht die Gepflogenheit vor allem gehobener Kaffeehäuser und Gaststätten, ihn nicht mehr zu verwenden, sobald er auch nur in Sichtkontakt mit der Kundschaft gelangt ist. Ich habe in zig Lokalen nachgefragt: Zwar nicht überall, aber überwiegend wird der Zucker – ward er erst einmal serviert – entsorgt. Und wenn die Packung angepatzt ist mit ein paar Tropfen Kaffee oder vom nassen Teebeutel, dann landet er auch in jenen Lokalitäten im Müll, die ihn sonst, ohne groß darüber zu reden, einfach wiederverwendet hätten. Schade drum, in jedem Fall.

1 kg Bio-Rohrzucker aus Paraguay

Deshalb stecke ich die Zuckersäckchen mittlerweile einfach ein. Anfangs kam ich mir dabei noch reichlich blöd vor, den Zucker mitgehen zu lassen, vor allem meinen Gesprächspartnern gegenüber. Ich sitze selten allein im Kaffeehaus. Und niemand möchte wie ein Schnorrer wirken – auch ich nicht, wenn ich nach einem Kaffeeplausch beim Abservieren oder kurz vor dem Aufbrechen noch zum Zucker greife, ihn in meiner Tasche verschwinden lasse. Ich kläre mein Gegenüber deshalb auf, dass dieser sonst mit hoher Wahrscheinlichkeit weggeworfen, also vergeudet würde. Und dass so ein handelsübliches Papierbriefchen mit vier Gramm Feinzucker zwar natürlich lächerlich wenig ist. Es entspricht in etwa einem Teelöffel. Dass ich aber, da erfahrungsgemäß meist gleich zwei Briefchen – also acht Gramm – serviert werden, mit meinem werktags wohl täglichen Kaffeehaustermin auf 40 Gramm Zucker pro Woche komme. Dass ich also, aufs Jahr hochgerechnet, über zwei Kilogramm Zucker nach Hause trage. Das ist nicht nichts. Zumal mir manchmal auch noch mein Gesprächsgegenüber den bei ihm übrig gebliebenen zum Einsacken reicht.

Da ich zwar gerne Süßes esse, ich Zucker in Reinform aber – außer beim Keksebacken vor Weihnachten – nur in die Vinaigrette oder Salatmarinade einrühre und meinen Tee am liebsten mit Honig trinke, komme ich mit dem heimgetragenen locker durchs Jahr. Für Holundersirup oder wenn die Kirschen reif sind, kaufe ich zum Einkochen ein paar Kilo Bio-Gelierzucker zu, klar. Darüber hinaus aber habe ich in den vergangenen fünf Jahren keinen Zucker gekauft. Und habe ich selbst Gäste zum Kaffee zu mir geladen, kann ich denen den Zucker stets im Röhrchen wie in der Cafeteria anbieten.

1 kg Rübenzucker

Nur für den Fall, dass du selbst ein Café betreibst: Gescheiter wäre es natürlich, du stellst deiner Kundschaft zum Süßen einen Spender zur Verfügung. Handelt es sich nicht zufällig um eine Konditorei in einem auf Pensionisten spezialisierten Kurort – denn Zucker ist ja bekanntlich das Heroin der Senioren, du brauchst dann also Unmengen davon, hast es dafür aber wenigstens mit einer wiederkehrenden Dauerkundschaft zu tun –; handelst du also nicht ganz gezielt mit der Droge Zucker, dann ist so ein Zuckerspender die sparsamste Art der Verabreichung. Und die Differenz zu dem, was du sonst wegschmeißen müsstest – denn die Papierröhrchen bekommen ja wirklich oft Flecken ab –, steckst du guten Gewissens in den im Vergleich zur konventionellen Ware etwas teureren Bio-Zucker.

Als Gast jedenfalls braucht dich keinesfalls das Gewissen zu plagen, wenn du die Zuckersäckchen einpackst. Erstens hat der Wirt in seiner Kalkulation berücksichtigt, dass der Zucker verbraucht wird. Zweitens bekommt er mit Logos und Werbeaufschriften bedruckte Päckchen manchmal auch geschenkt. Oder er wird – was selten vorkommt, aber doch – womöglich sogar dafür bezahlt, dir die Werbeaufdrucke auf den Zuckerbriefchen ins Blickfeld zu servieren. Und sei es nur, wenn er dafür bei seinem Großhändler bessere Einkaufspreise auf andere Ware bekommt. Jeder an den

Tisch gebrachte Zuckerbeutel bedeutet dann schließlich einen Werbekontakt. Deshalb: Keine falsche Scham! Lass den Zucker mitgehen!

Filmtipp

Nichts gegen Zucker! Wie und wo du dir allerdings im Alltag versteckten Zucker schenken kannst, zeigt der australische Regisseur Damon Gameau in seiner aufopferungsvollen Doku *That Sugar Film* (erhältlich auf DVD). Durchtrainiert, fit und bislang bewusst ohne raffinierten Zucker auskommend, lässt sich Gameau auf einen Selbstversuch ein: 60 Tage lang nimmt er gezielt jeweils 40 Teelöffel zu sich – was genau der Menge an Zucker entspricht, die jeder seiner Landsleute täglich, teils versteckt in Joghurts, Müslis, Softdrinks und Fertiggerichten, verdrückt. Negative Auswirkungen auf seinen Körper zeigen sich schnell …

Kauf bio, nicht regional

Kauf bio *und* regional, aber keinesfalls regional *statt* bio. Denn die Idee der Regionalität allein ist keine ernst zu nehmende Lösung für die komplexen Probleme des 21. Jahrhunderts. Mach dir nichts vor: Nur Bioprodukte geben dir Gewissheit, dass Tiere halbwegs gut gehalten werden und kein Gift zum Einsatz kommt. Soziale Standards gewährleisten per se leider weder biologische noch regionale Lebensmittel.

Nein, natürlich ist nichts Schlechtes am Regionalen, ganz und gar nicht. Im Gegenteil: Auch ich achte darauf und gebe im Umkreis meines Wohnorts Gewachsenem, dort Gehaltenem, dort Hergestelltem gern den Vorzug. Auch auf Reisen trachte ich danach, in der jeweiligen Gegend Produziertes zu essen.

Ich habe es mir außerdem angewöhnt, von fast überall her Honig mitzubringen, also: regionalen Honig. Ja, ich liebe Honig. Wobei ich ganz klar Bio-Honig bevorzuge. Und das im vollen Bewusstsein, dass es – selbst in der konventionellen Bienenhaltung – durch eingeschleppte Krankheiten und radikal verschlechterte Umweltbedingungen heute kein Leichtes ist, Bienenvölker ohne Gift und den heftigen Einsatz von Chemikalien halbwegs gesund über den Winter zu bringen. Natürlich gibt es umsichtige Imker – wahrscheinlich gar nicht wenige –, die, auch ohne sich dem Reglement der EU-Bioverordnung zu unterwerfen, achtsam mit ihren Insekten umgehen; Imker, die Wert darauf legen, für die Waben, in welchen später Honig eingelagert wird, Wachs zu verwenden, das garantiert frei von Pestizidrückständen ist; in dem sich keine Gifte, die beschönigend »Pflanzenschutzmittel« genannt werden, nachweisen lassen. Natürlich gibt es auch konventionelle Imker, die tatsächlich danach trachten, ein reines Naturprodukt in Gläser abzufüllen.

Wird es alles geben, keine Frage. Aber Garantie habe ich als Konsument eben keine.

Wie kommt es also, dass selbst solchen Zeitgenossen, die mit ihrem Kaufentscheid möglichst auch Ansprüchen der Nachhaltigkeit Genüge tun wollen, mittlerweile Regionalität bei der Auswahl ihrer Lebensmittel manchmal wichtiger ist als der Bio-Gedanke? »Gerade bei frischen Lebensmitteln wie Eiern, Obst und Gemüse, aber auch bei Brot und Bier spielt Regionalität bei der Kaufentscheidung eine wichtigere Rolle als Bio.« Zu diesem Schluss kam im Juni 2014 die Lebensmittel-Trendstudie von A. T. Kearney für Deutschland, Österreich und die Schweiz. Der Studientitel fasst die Einsichten der Unternehmensberater unmissverständlich zusammen: *Regional ist keine Eintagsfliege.* Bereits 2013 hatte das »Ökobarometer«, eine repräsentative Bevölkerungsbefragung im Auftrag des deutschen Bundesministeriums für Ernährung und Landwirtschaft, bescheinigt: »Regionalität liegt im Trend: 92 Prozent aller Befragten bevorzugen Lebensmittel – egal ob aus konventionellem oder ökologischem Anbau –, die aus der Region stammen.«

1 kg Trauben aus der Region

Wie konnte das passieren? Wie lässt sich erklären, dass sich die Mehrheit der Bevölkerung – vor die Wahl gestellt – eher für konventionelle regionale Produkte entscheidet als für Bioware, die vielleicht aus dem Nachbarbundesland stammt? Nicht regional bedeutet ja nicht immer gleich Neuseelandhirsch oder Äpfel aus Peru.

Nun, diese bedauernswerte Entwicklung kann nur mit uninformierten, gleichermaßen gut- wie leichtgläubigen Konsumenten erklärt werden. Denn statt sich auf strenge Bio-Kriterien und Fakten zu verlassen, vertrauen diese Konsumenten ihrem Gefühl und einem romantisch ins Nebulose hineinprojizierten Prinzip »Heimat«. Nirgendwo steht nämlich festgeschrieben, was wirklich unter »regionalen« Produkten zu verstehen ist. Eine ernst zu nehmende rechtsverbindliche Definition gibt es ohnehin nicht. Laut Ökobarometer nimmt jedenfalls »mit steigendem Alter und Bildungsniveau sowie Höhe des Haushaltseinkommens die Wertschätzung für Lebensmittel aus regionaler Erzeugung zu«.

Dabei kann nicht einmal der Handel, wo sich sonst jeder Quadratzentimeter rechnen muss, wo man möglichst nichts dem Ungewissen überlässt, genau sagen, welche Umsätze er mit Regionalem macht. Einmal mehr das Problem: das »uneinheitliche Verständnis von Regionalität« (A. T. Kearney) – diesmal bei den unterschiedlichen Handelsunternehmen. Jedes von ihnen definiert Regionalität so, wie es ins jeweilige Gesamtkonzept passt. Unleugbar allerdings hat sich die Erkennbarkeit regionaler Produkte verbessert: Die Rewe-Gruppe, deren österreichisches Tochterunternehmen Billa etwa, hat eigene Regional-Regale eingeführt, in welchen die Produkte kleiner lokaler Erzeuger angeboten werden. Manche Handelsketten bilden die Belegschaft mittlerweile gar zu »regionalen Fachverkäufern« aus, Schulungen in regionaler Warenkunde inklusive. Seit vielen Jahren schon propagiert die Vorarlberger Supermarktkette Sutterlüty ihre »Ländle-Produkte«: Nach jedem Einkauf sieht die Sutterlüty-Kundschaft am Kassazettel aufgelistet, welcher Prozentsatz des gerade ausgegebenen Geldes im eigenen Bundesland bleibt.

1 kg Bio-Trauben aus der Region

Deutschlandweit wiederum tauchen seit Anfang 2014 auf Verpackungen immer öfter sogenannte »Regionalfenster« auf. Dabei handelt es sich um eine – optisch etwas altvaterisch anmutende, im Grunde aber begrüßenswerte – freiwillige Kennzeichnung. Angaben über Herkunft, Hauptzutat und Verarbeitungsort des Produkts sind im Regionalfenster ebenso angeführt wie eine neutrale Prüfstelle. Über Hackfleisch aus Hessen ist da etwa zu lesen, dass die dafür faschierten Zutaten »Schwein und Rind komplett aus Hessen« stammen, dass die Tiere »in 36251 Bad Hersfeld geschlachtet und zerlegt« wurden und der »Anteil regionaler Rohstoffe am Gesamtprodukt 92 %« ausmacht. Unaufgeregt, in unaufdringlichem Hellblau-Weiß gehalten, steht das im Auftrag des Ministeriums für Ernährung und Landwirtschaft entwickelte Regionalfenster Bioproduzenten gleichermaßen offen wie konventionellen Erzeugern. Alles einerlei also.

Aussagekräftig ist dabei eine offensivere Verlautbarung auf der Website des Regionalfenster-Vereins. Die Antwort auf die allererste der Frequently Asked Questions – nämlich: »Warum kein neues Gütesiegel?« – behandelt, warum das Regionalfenster explizit *nicht* als Gütesiegel zu verstehen ist. Klare Ansage: »Gütesiegel machen Aussagen über die Qualität der Erzeugung und/oder Verarbeitung eines Produktes. Sie sollen eine Mindestqualität garantieren. Dies trifft zum Beispiel auf die Bio-Siegel zu. Für ein Regionalsiegel müssten komplexe Richtlinien als Hintergrund für eine Qualitätsaussage entwickelt, evaluiert und ständig weiterentwickelt werden, um ein glaubwürdiges Siegelsystem nachhaltig aufbauen zu können. Die Aussagen zur regionalen Herkunft passen nicht in dieses System hinein.«

250 g Erdbeeren in der Saison

250 g Erdbeeren im Winter

Anders ausgedrückt: Im Gegensatz zu zertifizierten Bioprodukten (die zumindest für eine bestimmte Mindestqualität bürgen) sagt Regionalität genau nichts über die Güte eines landwirtschaftlichen Produkts aus. Dazu ist die Sache viel zu komplex. Wirklich sinnvoll wäre folglich einzig und allein, unter den Bioprodukten jene regionalen Ursprungs zu bevorzugen. Nicht zufällig heißt in Österreich eine der erfolgreichsten Biomarken der vergangenen Jahre – die Eigenmarke der Aldi-Schwester Hofer – »Zurück zum Ursprung«.

Jeder einzelne Konsument, der darauf vertraut, dass regionale Produkte per se »besser« wären, zimmert sich also seine eigene kleine heile Welt zusammen. Seine Vorurteile halten zwar keiner Überprüfung stand. Wenig überraschend nützt die Werbewirtschaft diese allerdings schamlos aus, und auch die Agrarindustrie macht sich diese Gutgläubigkeit zunutze. Schon 2010 heißt es in einem Positionspapier der deutschen Verbraucherzentrale: »Verbraucher werden derzeit in vielfältiger Weise mit regionalen Herkunfts- und Qualitätsangaben umworben und sollen für diese Produkte zudem häufig mehr bezahlen.« Regionalangaben müssten daher korrekt und wahr sein. Tatsächlich seien diese »derzeit jedoch rechtlich nur ungenügend geregelt, und es bestehen vielfältige Möglichkeiten der Verbrauchertäuschung«.

Das – wie gesagt freiwillige – Regionalfenster hat manches verbessert. Immerhin 500 Lizenznehmer sorgen diesbezüglich mit offenen Regionalfenstern für Transparenz. Dass sich allerdings selbst der Lizenzgeber davon distanziert, dass die ausgewiesenen Angaben Schlüsse über die Qualität der Produkte zuließen, muss nicht erst groß interpretiert werden. »Regionen sind gefühlte Einheiten«, heißt es auf der Vereinswebsite, »mit wechselnden Grenzen und somit schwer in Gesetze mit starren Bezugsgrößen zu gießen. Der Verbraucher kann durch die klare Kennzeichnung je nach Produkt selbst entscheiden, ob ihm die Regionsdefinition ›ausreicht‹ oder ob sie nach seinem persönlichen Empfinden zu groß gewählt wurde.«

250 g Bio-Erdbeeren

Was aber erwarten sich die Käufer davon, wenn von »regionalen Produkten« die Rede ist? Genau das hat ein österreichischer Familienbetrieb, die Handelsgruppe Pfeiffer, herauszufinden versucht. Die Untersuchung brachte Überraschendes, durchaus auch Amüsantes ans Licht: Tatsächlich gibt es große regionale Unterschiede, was wo als regional empfunden wird. »Für Menschen in Wien ist alles, was aus Österreich stammt, regional«, erläutert Otto Bauer, der im Unternehmen auch die Agenden der Bio-Eigenmarke »Natürlich für uns« verantwortet. »In Oberösterreich werden Produkte aus dem eigenen Viertel oder der näheren Umgebung als regional klassifiziert, in Kärnten hingegen sind Produkte dann regional, wenn sie aus diversen Tälern stammen. Und in Tirol muss ein Produkt aus Tirol sein, damit es dem Anspruch Regionalität gerecht wird.«

So weit, so uneinheitlich, so irrational. Wie gesagt: Wir haben es mit gefühlten Einheiten zu tun. In der Schweiz orientieren sich die Konsumenten trotz der Kleinheit des Landes stark innerhalb ihrer Verwaltungseinheiten. »Das Wissen um die Herkunft eines Produkts aus dem eigenen Kanton liefert ein Stück Halt in einer zunehmend globalisierten und unübersichtlicher werdenden Welt«, meint Adrian Krebs, *@Agroblogger* und stellvertretender Chefredaktor der Schweizer *BauernZeitung*.

500 g Maisgrieß

Dabei wäre es freilich ein Trugschluss, anzunehmen, regionale Produkte würden in einem Paralleluniversum außerhalb komplexer Warenströme sowie globalisierter Liefer- und Wertschöpfungsketten liegen. Versuche einmal für dich selbst, folgende Fragen zu beantworten:

Ist die Milch einer Kuh – und gegen ihr Lebensende hin auch ihr Fleisch – als »regional« zu erachten, wenn das Tier zwar seine gesamte Existenz einzig in den Tiroler Bergen, in Graubünden oder in Oberbayern verbracht hat, wenn allerdings bis zu 15 Prozent seiner täglichen Futterration aus Südamerika importiertes Kraftfutter ausmacht?

Ist das Forellenfilet oder der gebackene Saibling »regional«, wenn die Fische zwar in einem Teich unweit deines Wohnorts im Wasser geschwommen sind, das pelletierte tierische Protein allerdings, welches den überwiegenden Teil ihres Futters ausmacht, ursprünglich aus arktischen Gewässern stammt?

Ist das Fleisch eines Kalbs »regional«, wenn das Tier zwar in Sachsen geboren ward, es allerdings einer transnationalen Kreuzung entstammt, weil das Muttertier künstlich mit dem tiefgefrorenen Samen eines muskelbepackten französischen Fleischstiers befruchtet wurde, damit seine Nachkommenschaft möglichst rasch mit – meist von weit her importiertem – Kraftfutter das erwünschte Schlachtgewicht erreicht?

Einmal abgesehen davon, dass jeder ökologisch und landwirtschaftlich Versierte erläutern könnte, wie hirnrissig es ist, einen Grasfresser wie das Rind mit Kraftfutter aufzubauen und auszupowern: Meine Antwort wäre, das weißt du natürlich längst, ein klares Nein.

Ich selbst wohne im Marchfeld, einer der fruchtbarsten Gegenden Österreichs, unmittelbar vor den Toren Wiens. Das ehemalige Überschwemmungsgebiet zwischen Donau und March ist heute durch Dämme geschützt und weitestgehend von intensiver, ausbeuterischer Landwirtschaft geprägt. Das Grundwasser ist schwer belastet. Ich würde meinen Kindern eher Red Bull Cola zu trinken geben, als sie einfach so aus einem Brunnen der Gegend trinken zu lassen. Und doch könnte ich mich an nahezu 365 Tagen im Jahr von Gemüse aus der Region ernähren, mir dabei die Welt schönlügen und damit die übelsten Auswüchse der Agrarindustrie mittragen. Alles regional. Das ginge in fast jeder Großstadt. Weil Großstädte historisch an Stellen gegründet wurden, die nicht nur günstig für Handel und Austausch lagen, sondern wo auch der Boden besonders viel hergab.

500 g Bio-Maisgrieß

In meiner Heimat hängen neuerdings auch bäuerliche Posterboys im Supermarkt. Sympathische Typen von nebenan, und das ist auch gar nicht gelogen. Doch da mag der namentlich genannte Landwirt, auf dessen Äckern die Zwiebeln, Gurken oder Spargelspitzen wuchsen, noch so entspannt vom Traktor lächeln: Dass er zur Erntesaison lausig bezahlte Saisonhelfer aus Bulgarien, Rumänien oder Nordafrika ins Marchfeld holt – die einmal mehr das Konzept Regionalität ad absurdum führen –, wird natürlich verschwiegen. Dabei ist es nur zu oft der ausgebeutete Erntehelfer von weit her, der unsere Lebenslüge aufrechterhält, wir würden »das Beste aus der Region« essen.

Also: Ist Gemüse oder Obst »regional«, wenn für die paar Tage der Ernte Billigarbeitskräfte aus dem Ausland anreisen und irgendwo im Off in schäbigen Baracken einquartiert werden? Eher nicht, würde ich sagen. Diesen

Aspekt spart übrigens auch das Regionalfenster aus. Dabei wäre er relevant, wenn es uns wirklich um kurze Wege ginge.

Immer wieder kommen mir Menschen unter, oft besonders kritische Zeitgenossen, die sich ein wenig frustriert von Bio abgewandt haben. Nicht selten fußt ihre Argumentation auf der Überzeugung, dass Bio »ohnehin nur Marketing« sei, und auf einem persönlichen Erlebnis oder der Bekanntschaft mit diesem oder jenem Bauern in ihrer unmittelbaren Umgebung. Dessen Produkte seien zwar nicht biologisch zertifiziert, bezogen auf irgendein Kriterium seien sie aber eindeutig besser als Bio. Gehört habe ich beispielsweise, ein bestimmter kleiner regionaler Betrieb würde seine Rinder nicht enthornen und sie damit »artgerecht, wie es früher üblich war«, halten. Demgegenüber stehe der größere Biobetrieb etwas weiter weg, der seine Tiere gleich nach der Geburt grausam verstümmle und sich trotzdem anmaße, mehr Geld für den Liter Milch zu verlangen. Pure Geschäftemacherei sei das! Nichts als Marketing.

Von solchen Beobachtungen aus verallgemeinern nicht wenige Konsumenten ihre Weltsicht. Dabei mag es natürlich stimmen, dass unversehrte Rinder mit Hörnern gegenüber enthornten Tieren zu bevorzugen sind. Das Abbrennen oder Abätzen der Hörner von Rindern ist nur Demeter-Produzenten untersagt – also Bauern, die sich an das strengste aller Bio-Gütesiegel halten. Allen üblichen Rindermästern und Milchproduzenten – egal ob bio oder konventionell – steht es frei, ob sie am Hof geborene Kälber enthornen, ob sie bereits enthornte Jungtiere zukaufen oder ob sie mit unversehrten Tieren wirtschaften.

Meine Erfahrung sagt aber: Wenn kritische Konsumenten sich – was ich jedem ans Herz lege! – selbst ein Bild von landwirtschaftlichen Betrieben gemacht haben und sie zum Schluss kommen, ein konventioneller Hof aus der Region wäre »besser« als Biobetriebe, dann ist besagter Bauernhof in aller Regel in *einem* Punkt besser als Bio, vielleicht noch in einem zweiten. Dass es sich bei den EU-Bio-Richtlinien allerdings um eine ganze Palette an Vorgaben handelt, wird dabei durchwegs übersehen. In der Regel ist der als besser wahrgenommene konventionelle Bauer nämlich in allen anderen Punkten schlechter als Bio. Er füttert etwa zu einem hohen Anteil importiertes Kraftfutter, setzt präventiv Antibiotika ein, die Tiere haben wenig Auslauf oder stehen wie früher üblich angebunden im Stall, es kommen Hormone, Pestizide, Insektizide und Industriedünger zum Einsatz.

Auch dass sich Biobauernverbände wie Naturland, Bioland, BioSuisse oder BioAustria in fast allen Punkten selbst deutlich strengere Vorschriften und höhere Standards auferlegt haben als die EU-weit vorgesehenen, wird gerne ausgeklammert. Und dass es nicht wenige innovative Biobauern gibt, die diese aus Überzeugung übererfüllen, wird ebenso übersehen wie fortschrittliche Biomarken, die im Wettbewerb damit punkten, dass sie die Bioidee laufend weiterentwickeln. Dabei handelt es sich übrigens um kleine und mittelständische Biomarken ebenso wie um die großen Eigenmarken des Lebensmitteleinzelhandels, die sich punkto Bio bis auf wenige Ausnahmen im Premium-Bereich positionieren.

Gerade besonders kritische Konsumenten verlassen sich meiner Beobachtung nach oft auf ihr Halbwissen. Aufklärung ist von konventioneller Seite nicht zu erwarten. Eher im Gegenteil. Letztlich basiert der Hype, der in den vergangenen Jahren ums Regionale losbrach, gleichermaßen auf Selbstbetrug wie auf bewusster Konsumententäuschung. »So ein Quatsch«, meint deshalb Georg Schweisfurth kurz und knapp, als man ihn bei der Präsentation seines Buches über *Die Bio-Revolution* darauf anspricht, ob Regional denn – wie immer wieder behauptet – wirklich das neue Bio sei. »So ein Quatsch«, meint der Bio-Vorreiter und Aufsichtsrat von Greenpeace Deutschland, »da weiß ich höchstens, wo das Gift herkommt oder wo die Tiere gequält werden.«

Selbst wenn wir es nicht wahrhaben wollen, weil es anders so schön einfach und fassbar wäre: Die Idee der Regionalität allein ist keine ernst zu nehmende Antwort auf die komplexen Fragestellungen und Lebensrealitäten des 21. Jahrhunderts.

Eine angemessene Antwort kann nur ein Sowohl-als-auch sein. Ganz verwerfen sollten wir die Vorzüge kurzer Wege und regionaler Wertschöpfung nämlich keinesfalls. Aber ohne eine behutsame biologische Produktionsweise und ökologisch sinnvolle Kreisläufe – womit wir nun auch beim Prinzip »Saisonalität« angelangt wären – ist Regionalität weitgehend wertlos. Jürgen Schmücking, der als Gastronomie- und Kulinarik-Journalist stolz zu seiner schweren Bio-Schlagseite steht, spricht deshalb von der »heiligen kulinarischen Dreifaltigkeit saisonal, regional und bio«.

Diese Konsequenz ist mit unseren modernen Ansprüchen und Ernährungsgewohnheiten allerdings schwer durchzuhalten. Ich nehme mich da nicht aus: Auch ich möchte im Winter nicht nur Sauerkraut, Wurzelgemüse und Wintersalat essen oder eingelagerten Kohl, Räucherfisch und geselchtes Fleisch. In unserem arbeitsteiligen Wirtschaftssystem sind außerdem selten einmal alle an der Entstehung eines Lebensmittels beteiligten Akteure in derselben Region angesiedelt.

Am Wiener Forschungsinstitut für biologischen Landbau sucht man deshalb emsig nach Bewertungsgrundlagen, welche die oftmals schwer überschaubaren Zusammenhänge auch für Konsumenten einfach fassbar machen. Den Wert der Regionalität schätzt das Bio-Institut durchaus hoch ein, eher noch: sehr hoch. Im Auftrag einer Biomarke erprobt das Forscherteam anhand einer Vielzahl konkreter Produkte ein neu entwickeltes Modell. Dabei steht der »Mehrwert für die Region« im Fokus. Zuallererst wurde am Beispiel von Frischmilch aus Österreich bewertet, welche »sozioökonomischen Vorteile für die Region aus Sicht der

Nachhaltigkeit« bestehen. Im nächsten Schritt wurde am Beispiel von Gemüse aus Niederösterreich durchdekliniert, welche gesellschaftlichen Benefits die Lebensmittelproduktion vor Ort bringt. 100 Produkte wurden bereits bewertet – vom Smoothie über Brot und Gebäck, Fleisch, Geflügel und Eier bis zum Sojadrink –, weitere 150 folgen in den nächsten eineinhalb Jahren.

Klingt komplex, ist es auch. Knapp 30 Indikatoren machen den »Mehrwert für die Region« aus. Zusätzlich berücksichtigt wird die Expertise von 15 unabhängigen Fachleuten: Auf ihrer Einschätzung basiert die Entscheidung darüber, welcher Indikator in der Herkunftsmatrix mit welchem Gewicht zu bewerten ist. Ist höher zu bewerten, dass sich die Zutaten eines verarbeiteten Produkts – etwa eines Kürbis-Smoothies – bis in die letzte Konsequenz zurückverfolgen lassen? Bei konventionellen Produkten ist das selten der Fall. Und auch bei von weit her importierter Bioware ist das nicht immer so einfach möglich – wie etwa die eindrucksvolle Recherche des amerikanischen Journalisten Peter Laufer anhand von Nüssen und Bohnen vorführt.

Auch wichtig zu entscheiden: Wie hoch sind Preiszuschläge für Bauern zu bewerten oder eine Verarbeitung vor Ort? Stichwort: regionale Arbeitsplätze. Nicht zuletzt entscheidet die Einbindung von Kooperationspartnern aus der Gegend – oder aber das Fehlen solch lokaler Vernetzung – darüber, wie krisenanfällig ein Betrieb ist. Ob er sich auch in Ausnahmesituationen bewährt. Die Forscher sprechen diesbezüglich von Resilienz.

»Die Ergebnisse für Frischmilch zeigen, dass die bewerteten Biolebensmittel entlang der Wertschöpfungskette einen durchwegs höheren Mehrwert für die Region erzielen als die jeweiligen konventionellen Vergleichsprodukte«, berichtet Ruth Bartel-Kratochvil, die als Agrarökonomin am Projekt beteiligt ist. All diese qualitativen Faktoren werden quantitativ in Zahlen gegossen. Wie genau das

Punktesystem schließlich aussehen wird, daran feilt das Forscherteam noch. Die Anforderungen sind allerdings klar: Es muss möglichst idiotensicher sein – also einfach und auf den ersten Blick verständlich; und damit jedenfalls ein Kompromiss. Denn die gesamte Komplexität unserer Produktwelt lässt sich weder in einer einzelnen Zahl noch mit wenigen Symbolen darstellen.

Doch auch bevor sich der »Mehrwert für die Region« offensichtlich und für unsere täglichen Einkäufe praktikabel übersetzen lässt, ist ein Ergebnis dieses intensiven Bewertungsprozesses interessant: Wer nämlich meint, dass Bio einsame Spitze sei, der irrt. Denn gemessen am Möglichen – also dem Idealfall: der maximalen Punkteanzahl – erreichen sowohl die Bio-Milch als auch die konventionelle Frischmilch einen relativ niedrigen Punktewert. Das liege, so Bartel-Kratochvil, vor allem daran, »dass die bewerteten Produkte die weitgehend selben industriellen und überregionalen Verarbeitungs- und Vermarktungsstrukturen durchlaufen. Wäre die Verarbeitung regionaler, würden sie etwa nicht in Industriemolkereien abgefüllt, dann würden die Produkte besser abschneiden – egal ob bio oder konventionell.«

Unterm Strich heißt das: Bio ist besser – sowohl die Ökologie als auch die soziale Nachhaltigkeit betreffend. Es gibt aber sowohl bei Bio als auch bei konventionellen Produkten mehr als reichlich Luft nach oben.

Was wir daraus lernen? Nun, es gibt Verbesserungsbedarf. Gerade auch innerhalb der Werte-Koordinaten der Bio-Bewegung. Das müssen sowohl die Produzenten und Vermarkter beherzigen als auch die Konsumenten. Denn wenn es uns mit langfristigen Kreisläufen – also mit Nachhaltigkeit – ernst ist, dann ist Bio zwar das Mindeste. Aber machen wir uns nichts vor: Gerade in der Tierhaltung ist vieles, was innerhalb des strengeren Rahmens der Bio-Richtlinien möglich und erlaubt ist, immer noch oft hart an der

Schmerzgrenze zur Tierquälerei. Argumentiert wird das, eh klar, mit Wirtschaftlichkeit.

Weshalb gerade du als Ende der Nahrungskette am allermeisten gefragt bist. Fordere ein, dass Bio weiterentwickelt wird! Langfristig wirkt das dann – ja, natürlich – auch weit über die Biobranche hinaus und färbt auch auf konventionelle Strukturen ab. Mach Druck! Kauf am besten bio *und* regional. Und im Zweifelsfall: bio.

Tipps

Der Band *Die Biene. Eine Liebeserklärung* hält das Versprechen, das er im Untertitel gibt. Kerstin Eitners und Katja Morgenthalers in der Greenpeace-Magazin-Edition erschienenes Büchlein ist ein umfassendes, begeistertes und begeisterndes Kompendium mit allem Wissenswerten rund um die Honigbiene und ihre wilden Schwestern. Darin erfährst du etwa auch, dass der oft fälschlicherweise Albert Einstein zugeschriebene Spruch »Wenn die Bienen aussterben, haben die Menschen nur noch vier Jahre zu leben: keine Bienen, keine Pflanzen, keine Tiere, keine Menschen« Blödsinn ist. Außerdem gehen die beiden Autorinnen undogmatisch das Gedankenexperiment »Was wäre wenn ... eine Welt ohne Bienen« an.

In seinem Buch *Die Bio-Revolution. Die erfolgreichsten Bio-Pioniere Europas* (2014 im Brandstätter Verlag erschienen) nimmt uns Georg Schweisfurth – selbst Bio-Pionier, gelernter Metzger und im Aufsichtsrat von Greenpeace Deutschland – mit auf eine Reise zu den interessantesten Biobetrieben Europas. Dabei geht es durchwegs um Produzenten, die den Bio-Gedanken weiterdenken und -entwickeln. Denn, das wird bei der Lektüre dieses Buches klar, Bio ist immer noch mehr als eine Branche, es bleibt eine Bewegung.

Für sein Buch *Bio? Die Wahrheit über unser Essen* (2015 im Residenz Verlag in deutscher Übersetzung erschienen, mit einem Nachwort von mir) hat sich der amerikanische Journalismus-Professor Peter Laufer zurück zum Ursprung der von ihm in Oregon gekauften kasachischen Bio-Walnüsse begeben. Seine Recherche führte Laufer auch nach Südamerika, Deutschland, Österreich, Italien und Spanien. Er zeigt dabei nicht nur Missstände auf, sondern auch mustergültige Beispiele.

Mehr als 500 Lizenznehmer weisen seit Anfang 2014 auf ihren Erzeugnissen im sogenannten »Regionalfenster« Angaben zum Ursprungs- und Verarbeitungsort aus. Konventionelle wie ökologisch zertifizierte Produzenten sind gleichermaßen unter den Lizenznehmern. Der Regionalfenster e.V. versteht die von unabhängiger Stelle geprüften Angaben allerdings bewusst nicht als Gütesiegel. Denn: Regionalität allein sagt nichts über die Qualität eines Produkts aus. Projektleiter Peter Klingmann spricht von einem »Instrument der Transparenz«.

www.regionalfenster.de

Iss wie Obelix (nur vielleicht ein bisschen weniger)

Wildschweine gehören zu den Profiteuren des Klimawandels. Ihre Population wächst dank milder Winter und vieler Eicheln und Bucheckern mancherorts sogar exponentiell. Machen wir das Beste daraus: schmackhaften Braten und Salami.

Vernünftigerweise wäre von den Essgewohnheiten eines Obelix natürlich nur abzuraten. Eigentlich. Denn mit leichten Einschränkungen – du solltest es schlicht und einfach nicht so übertreiben wie er – kannst du es dem beleibten Gallier kulinarisch durchaus gleichtun. Dessen Leibspeise, das auch sonst im kleinen gallischen Dorf beliebte gegrillte Wildschwein, gehörte in unseren Breiten nämlich regelmäßig auf den Speiseplan. Wobei sich das *gehörte* weniger auf das römische Imperium und die Jahrzehnte vor Christi Geburt bezieht, als vielmehr eine Möglichkeitsform darstellt. Der kulinarische Imperativ lautet: Du solltest mehr Wildschwein essen! Wir alle.

Warum das? Nun, ganz einfach. Die Viecher werden immer mehr, ganz von alleine; es gibt also mehr als genügend davon. Natürlich solltest du nicht täglich oder gar mehrmals am Tag Fleisch essen, auch nicht Wildbret. Womit wir die angekündigte Einschränkung aber bereits abgehakt hätten. Denn zweimal im Monat spricht wirklich wenig gegen einen Wildschweinbraten. Und gelegentlich ein Happen Wurst, wer wollte da Nein sagen.

Obelix hat nämlich recht: Wildschwein schmeckt köstlich. Richtig zubereitet, zählt Wildschwein zum Besten, was Feld und Flur uns zu bieten haben – und das ganzjährig. Das bestätigt auch Teresa Valencak, die sich für ein Forschungsprojekt verschiedenartiges Wildbret vom Haubenkoch zubereiten und auftischen ließ – um es nicht nur zu verkosten, sondern an der Veterinärmedizinischen Universität Wien auch im Labor genauer unter die Lupe zu nehmen. »Zwar ist Wildschwein nicht ganz so gesund wie das Fleisch von Reh- und Rotwild, deren Fettzusammensetzung und dessen optimales Verhältnis von Omega-3- und Omega-6-Fettsäuren für den Menschen am bekömmlichsten ist«, so die Wildbiologin. Doch wenn sie das Fleisch vom Hausschwein mit dem Wildbret des Wildschweins vergleicht, darf das nicht täuschen: Mit »Hausschwein« meint sie nämlich nicht das gemeine Industrieschwein – also die langgestreckten, hellhäutigen und fettarmen Hybridsäue mit ihrem zusätzlichen Rippenpaar, welche heute das vollkommen aus den Fugen geratene Schweinesystem der Fleischindustrie dominieren –, sondern alte, robuste Rassen wie das Mangalitza oder das Turopolje. »Es kommt natürlich immer darauf an, was ein Wildschwein gefressen hat, aber wie beim Mangalitza gibt es auch bei der Wildsau viele ungesättigte Fettsäuren«, sagt Valencak. Und in Maßen genossen sind die sogar gesund.

»Von der Qualität des Fleisches her ist Wildschwein fast unerreicht«, pflichtet auch Roman Thum bei. Der Wiener ist nicht nur Fleischhauer und Produzent des traditionsreichen Thum-Schinkens, sondern auch passionierter Jäger. Spricht Thum vom Wildbret, dann hört er so schnell nicht auf zu schwärmen: »Wenn man Fleisch isst, dann bietet Wild das bestmögliche Grundprodukt.« Wichtig sei es nur, darauf zu achten, dass das Wildbreit von einem jungen Tier stammt – »also nicht vom alten Keiler, sondern am besten von einem Frischling, einem Überläufer aus dem Vorjahr oder einem nicht zu alten weiblichen Stück« –, dann könne man beim Fleischkauf wenig falsch machen.

Roman Thum selbst verarbeitet in seinem Betrieb im Jahr an die 20 Wildschweine, denen knapp 200 Mangalitzas und ein paar Hundert »normale« Hausschweine gegenüberstehen – teils aus konventioneller Mast, teils aus kontrollierter Bio-Aufzucht. »Wildschwein gibt es bei mir nur, wenn wirklich gutes verfügbar ist, von dem ich genau weiß, woher es stammt. Manchmal kaufe ich das zu, oft habe ich es aber auch selbst geschossen«, so Thum. Fleisch vom Wildschwein aus dem Gatter – das dann streng genommen nicht »Wild« genannt oder als »Wildbret« vermarktet werden dürfte – verkauft Roman Thum keines.

Rein auf das Futterangebot bezogen, kann es die freie Wildbahn mittlerweile ohnehin mit vielen Gattern aufnehmen. Anders als früher ist Futter in unseren Kulturlandschaften fast immer reichlich, um nicht zu sagen im Überfluss vorhanden. Keiler, Bache und Frischling sind also nicht nur ganz schön feist. Die Tiere vermehren sich auch gewaltig – und breiten sich dabei immer weiter aus; sogar bis ins Hochgebirge und in Gegenden, in die es sie früher nie verschlug, in die sich vielleicht einmal Einzeltiere verirrten, aus denen es historisch aber keinen Nachweis eigenständiger Populationen gibt. Ob das auch an veränderten landwirtschaftlichen Gepflogenheiten liegt, etwa am großflächigen Anbau von Maiskulturen, Kartoffeln, Rüben, Getreide und immer öfter auch Soja, darüber ist die Fachwelt noch uneins. Fest steht nur: Die Wildschweinpopulationen wachsen. Und das überall in Europa.

Zumindest ein eindeutiger Zusammenhang wurde mittlerweile allerdings nachgewiesen: Als anpassungsfähige Spezies gehört *Sus scrofa* klar zu den Gewinnern des Klimawandels. In seiner Arbeit *Wild Boar and Climate Change* hat Sebastian G. Vetter vom Institut für Wildtierökologie an der Veterinärmedizinischen Universität Wien herausgefunden, dass sich zwar die heißen Sommer kaum in dieser Hinsicht auswirken, die milden Herbstmonate und vor allem das Ausbleiben strenger Winter dafür aber umso mehr. Nachdem Vetter und sein Team verfügbare Daten aus 64 Regionen in zwölf europäischen Ländern ausgewertet hatten – die Häufigkeit, mit der Wildschweine in Autounfälle verwickelt waren (sofern erfasst), ebenso wie behördlich registrierte Abschussraten und die teilweise bis zu 150 Jahre zurückreichenden Aufzeichnungen über die zur Strecke gebrachten Tiere –, blieb kein Zweifel: »Die als Folge des Klimawandels immer milder werdenden Winter sind der Hauptgrund für die europaweit massive Ausbreitung des Wildschweins in den vergangenen Jahrzehnten.«

Anders als in den einstmals kalten, schneereichen Wintern gibt es mittlerweile kaum noch über einen längeren Zeitraum tiefe Temperaturen oder eine lang liegen bleibende, dichte Schneedecke. Von den im Schnitt fünf Frischlingen pro Wurf kommen also fast alle über den Winter. Die immer häufiger warmen Herbstmonate sorgen zudem für ein überaus reiches Angebot an Bucheckern und Eicheln – Jäger und Wildtierökologen sprechen nicht zufällig von »Mast« und sogenannten »Mastjahren«. Der derzeit in manchen Gegenden vollzogene Umbau von Forstmonokulturen hin zu naturnahen Wäldern mit hohem Buchenanteil begünstigt diese Entwicklung. Ist ein Winter ausnahmsweise doch wieder einmal bitterkalt, dann helfen genau diese nahrhaften Früchte des Waldes den Jungtieren über die harten Wochen und Monate. Passt das Futterangebot, dann sind die vorhandenen weiblichen Tiere außerdem oft bereits im Jahr ihrer Geburt selbst wieder fortpflanzungsfähig.

Die Reproduktionsrate ist also enorm. Vetter spricht von einem »extremen Fortpflanzungspotenzial«. Vielerorts zeigt sich dies deutlich in einer tatsächlich exponentiellen Zunahme der Wildschweinbestände. Die Prognose des Wildbiologen deutet an, was das für die Zukunft heißt: »Da sowohl die Temperaturen weiter steigen werden und zu vermuten ist, dass dadurch auch die Masthäufigkeit weiter zunimmt, werden die Wildschweinpopulationen in den meisten Regionen wohl noch weiterwachsen. Dadurch werden vermutlich auch Feld- und Flurschäden weiter zunehmen.« Irgendwann werde es dann zu einer dichteabhängigen Selbstregulierung der Bestände kommen. Das heißt:

Diese werden sich auf einem bestimmten Niveau einpendeln. »In den östlichen deutschen Bundesländern könnte dies bereits der Fall sein«, so Vetter. Vorerst bleibe jedoch abzuwarten, ob es sich dabei nicht nur um ein kurzzeitiges Stagnieren handle: »Wo dieses Niveau liegt und wann es erreicht wird, ist dabei jedenfalls von Region zu Region unterschiedlich.«

Kein Wunder, dass manchmal und mancherorts bereits von einer »Wildschweinplage« die Rede ist – mitunter bis in die Städte hinein. Aus Augsburg ward gar von einer »Invasion aus dem Stadtwald« berichtet. Und im von Wäldern umgebenen Berlin, das sich ob seines Stadtgebiets, das zu 40 Prozent aus Brachen, Wald sowie Grün- und Wasserflächen besteht, zum urbanen Habitat einer stattlichen Population von Stadtwildschweinen entwickelt hat, sind mittlerweile sogar Stadtjäger ehrenamtlich im Einsatz, um die Sauen mit dem in Schach zu halten, was etwas beschönigend als »Vergrämungsmaßnahmen« beschrieben wird, aber jedenfalls auch zur Folge hat, dass wohlschmeckendes Wildbret vermarktet werden kann.

Nur so bleiben die Wühlschäden auf Kinderspielplätzen, in Vorgärten und Parks halbwegs überschaubar. Wildschweine gehören in Berlin längst zum Stadtbild wie in anderen Städten herrenlose Straßenhunde. Konfrontationen mit Gassigehern, dämmerungsaktiven Joggern und frei laufenden Hunden – Wildschweine gelten als wehrhaftes Wild, das sich dem Feind auch einmal stellt, anstatt zu flüchten – oder auch Kollisionen im Straßenverkehr lassen sich da nicht immer vermeiden. Für Wien etwa vermerkt die Jagdstatistik 2014/2015 beachtliche 13 »Verluste« von Schwarzwild im Straßenverkehr allein innerhalb des Stadtgebiets – bei fast 900 Wildschweinen, die österreichweit im selben Zeitraum als »Fallwild« erfasst wurden.

Auch im Wiener Umland treiben die Tiere ihr Unwesen: Ich selbst habe in den Vororten der Stadt umgegrabene

Waldränder und Vorgärten gesehen – als ob ein Bauer frisch mit dem Pflug in den Acker gefahren wäre. Und das in Gegenden, wo Wildschweine noch bis vor Kurzem als Exoten galten. Immerhin mehr als 20 000 der insgesamt 32 600 geschossenen Wildschweine in Österreich stammen aus dem die Bundeshauptstadt umgebenden Bundesland Niederösterreich. Zum Vergleich: Auch im Freistaat Bayern fühlen sich die Tiere mittlerweile sauwohl. 2012 wurden dort 66 000 Wildschweine erlegt. 1980 waren es noch keine 3000 gewesen.

Wer jedoch glaubt, dass es solche Populationszuwächse erleichtern würden, die Tiere zu bejagen, irrt. Denn Wildschweine sind nicht nur überaus intelligent. Die Jagd auf sie erfordert auch Ausdauer, Geschick und eine Menge Erfahrung. Da gilt es, führende Bachen eindeutig zu identifizieren und als Muttertiere zu verschonen, was sowohl dem Ethos der Jäger als »waidgerecht« entspricht, als auch dem Tierschutz. Andernfalls erweist sich manch Treffer ins Schwarze mitunter als daneben. Denn als soziale Tiere leben Wildschweine in Rotten, eingebettet in ein komplexes soziales Gefüge. Versehentlich das falsche Stück zu schießen – nämlich die Leitbache, das weibliche Alphatier –, bringt nicht nur die Rotte durcheinander, sondern auch die von der Natur sozial geregelte Fortpflanzungsdynamik. Fehlt die hierarchisch höchste Sau, werden gleichzeitig alle anderen weiblichen Tiere »rauschig« – und nur vier Monate später wird jedes von ihnen fünf Frischlinge führen.

Solltest du nun derart auf den Geschmack gekommen sein, dass du es Obelix gar als Wildschweinjäger gleichtun möchtest, wird es also nicht allein darum gehen, dich an einzelne Schweine heranzupirschen und dein Beutetier zu beobachten. Nein, du musst dann ganze Familienverbände und Rotten im Blick haben und einschätzen lernen. Treffsicherheit ist daher gleich in mehrfacher Hinsicht gefragt. Zumal die Schweine, schlau wie sie sind, mittlerweile gerade dort besonders scheu leben, wo der Jagddruck auf sie am höchsten ist. »Da auch noch mit Bedacht das richtige Stück zu erlegen«, meint Jäger und Büchsenmacher Marco Schmid, »das ist fast nur mehr mit technischen Hilfsmitteln möglich.«

Heiß diskutiert wird innerhalb der Jägerschaft deshalb seit einigen Jahren darüber, ob der Einsatz von Nachtzielgeräten erlaubt werden soll. Jäger Schmid, dessen Familie Fleisch aus landwirtschaftlicher Produktion zu vermeiden versucht und sich möglichst ausschließlich von selbst Erlegtem ernährt, sieht die Sache eindeutig: »Nachtzielgeräte ermöglichen selektive Abschüsse. Aus jagdlicher Sicht wäre ihr Einsatz bei der Wildschweinjagd deshalb zu begrüßen.« Andere wiederum meinen, man müsse den Tieren wenigstens nächtens ihren Frieden lassen – und fürchten, dass künftig bald auch Reh und Hirsch nach Sonnenuntergang keine Ruhe mehr gewährt würde.

Ungeachtet dessen, wann eine Sau erlegt wurde: Ausschließlich von Wildschwein solltest du dich jedenfalls nicht ernähren. Darauf achtet auch Marco Schmid. Er legt Wert auf einen ausgewogenen Mix: Hase, Hirsch, Reh, Gams, hin und wieder Wildschwein. Mit seinen Ernährungsgewohnheiten gilt Schmid – wie viele andere Jäger und ihre Angehörigen auch – als »Extremverzehrer«. So werden Menschen bezeichnet, die bis zu 90 Wildmahlzeiten im Jahr zu sich nehmen, im Gegensatz zum – derzeitigen – »Normalverzehrer« (der zwei Mal im Jahr Wild isst) und dem »Vielverzehrer« (der durchschnittlich auf fünf jährliche Wildmahlzeiten kommt).

Derart eingestuft wurden die Konsumenten vom deutschen Bundesinstitut für Risikobewertung (BfR) in seiner groß angelegten »Studie über die Lebensmittelsicherheit von jagdlich gewonnenem Wildbret« aus dem Jahr 2014. Gemeinsam mit dem Ministerium für Ernährung und Landwirtschaft, den Bundesländern Mecklenburg-Vorpommern, Niedersachsen und Sachsen-Anhalt sowie einigen einschlägigen Verbänden hatte das BfR untersucht, wie massiv die oft verwendete Bleimunition auf die Schwermetallbelastung des Körpers wiegt: Selbst bei Vielverzehrern, so das Studienergebnis, sei die Bleiaufnahme über Wildfleisch unbedeutend. Für Schwangere und Kinder unter sieben Jahren gilt diese Aussage jedoch explizit nicht: »Da das sich entwickelnde Nervensystem beim Fötus und bei Kindern besonders empfindlich auf Blei reagiert, sollte von diesen Bevölkerungsgruppen jede zusätzliche Bleiaufnahme vermieden werden.«

Und auch wenn es diese Konsumkategorie gar nicht gibt: Jäger Marco Schmid hätte mit seiner abwechslungsreichen Kost durchaus das Zeug zum mustergültigen »Vorzeigeverzehrer«. Denn, so empfehlen die deutschen Risikobewerter: »Sofern viel Wildfleisch verzehrt wird, sollte darauf geachtet werden, dass möglichst unterschiedliche Stücke von verschiedenen Tierarten verzehrt werden.«

Gehst du nicht selbst auf die Pirsch, wäre es also wichtig zu wissen, wie und vor allem mit welcher Munition ein Tier erlegt wurde. Auf die Frage, wo man das beste Wildbret bekommt, sind sich deshalb alle mit der Materie Vertrauten einig: beim Jäger selbst! Marco Schmid empfiehlt, in der Gegend mit den jeweiligen Jagdgenossenschaften Kontakt aufzunehmen. Auch Fleischhauer Roman Thum rät klar dazu, »beim Mann des Vertrauens zu kaufen«. Denn: »Nichts gegen Wildbrethändler, aber je größer die Einheiten und der Händler, desto weniger genau kann dieser selbst das Fleisch zurückverfolgen.«

Bei ein paar Wildmahlzeiten im Jahr mag das vernachlässigbar sein. Je näher sich dein Essverhalten allerdings jenem von Obelix, Marco Schmid oder Roman Thum angleicht, ohne dass du selbst zur Büchse greifst, desto entscheidender wird das genaue Wissen um die Herkunft. Völlig zu Recht werden in Deutschland drei Viertel des erlegten Wilds entweder in Jägerhaushalten selbst verzehrt oder von diesen direkt an Wildfleischliebhaber abgegeben. Dort bekommt man das Fleisch auch am günstigsten.

Ebenfalls ein entscheidendes Argument für den Kauf direkt beim Schützen: Dieser weiß nicht nur, *wie*, sondern vor allem auch, *wo* er ein Tier erlegt hat. Auch 30 Jahre nach dem Reaktorunglück von Tschernobyl ist der Boden in manchen Gegenden Europas nämlich noch radioaktiv mit Cäsium-137 kontaminiert – was sich mancherorts auch im Fleisch von Wildschweinen niederschlägt. Besonders betroffen sind Gegenden, in denen es 1986 einen radioaktiven Fallout gab, und dort wiederum Waldökosysteme und Almen, wo das Cäsium in den ersten Bodenschichten haften und in Pflanzen verfügbar blieb. Nicht nur in Pilzen, auch im Körper des Wildschweins gibt es deshalb in manchen Gegenden eine erhöhte Cäsium-Konzentration. Teile Bayerns, Thüringens und Sachsens sind davon ebenso betroffen wie Tschechien und Teile Ober- und Niederösterreichs.

Die Österreichische Agentur für Gesundheit und Ernährungssicherheit (AGES) untersuchte diese Konzentration deshalb bereits zum zweiten Mal binnen weniger Jahre. Der Endbericht der Studie »Cäsium-137-Belastung von Wildschweinen« aus dem November 2012 stellt zwar klar, dass keine Werte oberhalb des zulässigen Grenzwertes gefunden wurden. Auch dass bei einer Verzehrrate von einem Kilogramm pro Jahr – also vier bis fünf Gerichten mit 200 bis 250 Gramm Wildbret vom Wildschwein – die Dosis verglichen mit der natürlichen radioaktiven Strahlung »nicht von Belang« wäre. Trotzdem deuten die Autoren an, dass die teilweise wesentlich niedrigeren Werte im Vergleich zu den Messergebnissen von 2007 und 2008 trügerisch sein könnten: Damals stammten die Fleischproben nämlich hauptsächlich aus Gebieten, die 1986 besonders vom Fallout von Tschernobyl betroffen waren – und sie wiesen teilweise Werte über den zulässigen Grenzwerten für landwirtschaftliche Erzeugnisse auf.

Flächendeckendes Screening gibt es keines, weder in der Europäischen Union noch in den deutschsprachigen

Ländern. In manchen Bundesländern gibt es allerdings Stichprobenpläne. Wohnst du in einem vom Tschernobyl-Niederschlag kontaminierten Gebiet, dann ist gerade Wildschwein hier besser mit Vorsicht zu genießen und eher nicht als Extremverzehrer. Schließlich hatte sich Obelix seinerzeit zwar mit spinnenden Römern, nicht aber mit übermäßiger Radioaktivität herumzuschlagen.

Darüber hinaus bleibt einzig die Frage nach dem *Wie*. Und die Antwort darauf – nämlich, wie du dein Wildschwein isst –, die ist und bleibt Geschmacksache. Während es für Fleischer Roman Thum kaum Besseres gibt als die Rippen ohne Schwarte (»Und aus den Resten mach ich am liebsten Ragout!«), hält sich Extremverzehrer Marco Schmid kaum an kulinarische Konventionen. Wildbret kommt bei ihm am liebsten ohne die für Wild typischen Soßen und Preiselbeeren auf den Tisch. Er bevorzugt die Wildsau klassisch paniert als Schnitzel – »oder faschiert als Fleischlaberl. Ja, Burger vom Wildschwein, das ist für mich das Allerbeste!« Und von Obelix ist ohnehin Begeisterung für jedwede Zubereitungsart überliefert. Einzig dem britischen Wild Boar in Minzsoße – »Das arme Schwein!« – kann er kulinarisch wenig abgewinnen …

Tipps

Jäger, Förster und regionale Wildbretvermarkter in Österreich findest du hier nach Postleitzahl gelistet.

wildbret.at

Wildschwein und anderes Wildbret, ausschließlich mit bleifreier Munition erlegt, verkauft Fair Hunt aus dem Waldviertel.

fairhunt.net/wildbret

Bestell Soda

Ob zu Hause oder unterwegs beim Wirt:
Predige nicht nur Sodawasser, sondern spritz es auch mit Wein, unvergorenem Apfelsaft oder vielleicht sogar mal mit Bier. Stört dich das Kohlensäurekitzeln, dann bleib am besten ganz beim Leitungswasser. Ist es unbelastet, dann wäre es geradezu dumm, stilles Mineralwasser zu kaufen.

Auf viel kann und könnte ich verzichten; das feine Prickeln im Wasser möchte ich aber eher nicht missen. Das ist purer Luxus, ich weiß – selbst wenn es die meisten von uns als alltäglich erachten. Alles, was argumentativ für kohlensäurehaltiges Mineralwasser oder Soda aufgefahren wird, bleibt aber letztlich Marketing. Wir brauchen es eigentlich nicht, es gibt keinerlei natürlichen Bedarf. Also geht es aus Sicht der Abfüller darum, unsere Bedürfnisse zu wecken.

Zwar benötigt unser Körper jede Menge Mineralien, aber kein Mineralwasser, um diesbezüglich auf seine Kosten zu kommen. »Der menschliche Mineralstoffbedarf wird vornehmlich über ›feste‹ Lebensmittel gedeckt, über Brot, Gemüse oder Obst«, weiß Ernährungswissenschaftler Martin Taubert-Witz. »Die im Mineralwasser enthaltenen Mineralstoffe sind ein in diesem Zusammenhang fast immer unerhebliches Detail.« Entgegen einer weitverbreiteten Meinung enthält Leitungswasser durchaus ebenfalls Mineralstoffe. »Wir decken zum Beispiel einen Teil unseres Magnesiumbedarfs über das Leitungswasser«, so Taubert-Witz. Auch handelt es sich beim Leitungswasser – zumindest in unseren Breiten – um eines der am besten und am regelmäßigsten untersuchten Lebensmittel. Und einmal abgesehen vom Blei, das alte Wasserleitungen manchmal abgeben, lässt sich eine Belastung mit Pestiziden und Nitraten auch beim abgefüllten Mineralwasser nie ganz ausschließen. Unsere Landwirtschaft beeinträchtigt das Grundwasser da wie dort.

Erst wer mit dem Geschmack von Chlor im Mund aus der Ferne heimkommt, weiß zu schätzen, dass er das Leitungswasser zu Hause einfach so, ohne dass es großartig aufbereitet werden müsste, trinken kann. Allein schon dieses Gut zu schützen, rechtfertigt alle Anstrengungen, die konventionelle Agrarindustrie großflächig in eine biologische Wirtschaftsweise umzuwandeln.

Allem Lob aufs pure Leitungswasser zum Trotz: Ich trinke nichts lieber als Soda – das ich mittlerweile auch klar gegenüber Mineralwasser bevorzuge (von dem ich aber meist ebenso ein paar Glasflaschen vorrätig habe). Für mich ist das »Kitzeln im Wasser« – so beschrieb es der kleine Sohn eines Freundes einmal – oft genau das, was ein paar Schluck so richtig erfrischend macht. Ich müsste sonst deutlich kälter trinken, um mich demselben Frischegefühl auszusetzen. Ja, das ist subjektiv. Wie ich im Sommer auch gern einen »sauren Radler« trinke – mit Sodawasser halbe-halbe aufgespritztes Bier –, während manch einen allein der Gedanke an »gewassertes Bier« anwidert. Es klingt paradox, aber: Ich finde wirklich, dass das Bier im sauren Radler intensiver schmeckt als pur. Versuch es einmal!

Aus ökologischer Sicht wäre es am bekömmlichsten, mit Leitungswasser vorliebzunehmen. Denn die Infrastruktur dafür ist ohnehin in jedem Haushalt vorhanden. Es braucht keinen weiteren Aufwand, keinen Transport, und schön kühl ist es zumeist auch. Ein paar Schritte zum Wasserhahn genügen. Wenn du aber – wie ich – nicht auf den Kitzelwasserluxus verzichten möchtest, dann lass das Mineralwasser sein, trink Soda! Am besten stellst du es gleich selbst her. Das geht ganz leicht – mit Sodakapseln.

Besser als jede Mehrwegflasche sind solche Sodakapseln allemal. Der Schlüssel liegt in der Logistik beziehungsweise bereits im Namen begründet: Während Einwegflaschen ein Wegwerfprodukt sind, welches im Idealfall vielleicht recycelt wird, legen Mehrwegflaschen eben mehrere Wege zurück. Das ist zwar besser als eine Verpackung, die schon nach einmaligem Gebrauch beim Müll landet, bedeutet aber immer noch einen gewaltigen Energieaufwand: Transport und Reinigung fallen ins Gewicht. Und auch, wenn es einander widersprechende Meinungen gibt, ob PET-Mehrweg oder Glas-Mehrweg das bessere System ist, fest steht: 180 Kilometer legt eine Wasserflasche im Schnitt zu dir zurück – von der Quelle über den Händler bis ins Gasthaus oder zu dir nach Hause. Mehrwegflaschen aus Kunststoff machen diese Reise fünf bis sechs Mal durch. Glasflaschen noch ein paar Mal öfter. Sie sind allerdings schwerer und müssen gewaschen werden – wohingegen das Kunststoffrecycling der PET-Gebinde um einiges mehr Energie braucht.

Eindeutig besser ist da Soda. Die dafür notwendigen Sodakapseln sind klein und leicht, und das Wasser ist ohnehin in der Leitung. »Trinkt man ein Jahr lang jeden Tag zwei Liter Mineralwasser aus Plastikflaschen, könnte man mit der Energie, die für Produktion, Transport und Entsorgung aufgewendet werden muss, etwa 2000 Kilometer mit dem Auto fahren«, rechnet der Hersteller von Trinkwassersprudlern *SodaStream* auf seiner Website vor. Trinke man stattdessen Leitungswasser, »sinkt dieser Wert um den Faktor 1000 – die benötigte Energie entspricht einer Autofahrt von nur zwei Kilometern«.

Als »Sehr gut« beurteilte deshalb auch *Öko-Test* das Trinkwassersprudelsystem des Weltmarktführers SodaStream mit Hauptsitz in Tel Aviv, der an der New Yorker NASDAQ notiert. Sein System besteht im Wesentlichen aus einer Mini-Abfüllanlage mit Flasche und Verschluss, Kohlensäurezylinderkapseln, die immer wieder nachgekauft werden müssen, und – optional – Sirupkapseln mit Geschmacksrichtungen von Cola bis Bio-Orange. Es hat nur einen einzigen Nachteil: SodaStream ist mittlerweile de facto Monopolist. Einmal Teil des SodaStream-Systems, hast du dich gewissermaßen auf ein Dauerabo eingelassen. Die in der Gastronomie gängigen Sodaautomaten sind für private Kleinverbraucher keine praktikable Alternative.

Keine große Überraschung, dass die SodaStream-Kapseln in den vergangenen Jahren zum Exportschlager wurden. Die im Falle der deutschen SodaStream-Tochter unterirdisch aus einer Quelle des Eggegebirges im Naturpark Teutoburger Wald gewonnene Kohlensäure wird mittlerweile weltweit nachgefragt. In 46 Ländern ist SodaStream bereits erhältlich.

1 l Mineralwasser gekühlt

1 l Mineralwasser ungekühlt

Getrunken wird Sodawasser heute ohnehin fast überall. »Besonders in Nordeuropa ist Soda beliebt«, erzählt SodaStream-Markenmanager Martin Plothe. »Dort gilt Sodawasser als besonders erfrischend.« Auch darüber hinaus kann sich das Unternehmen nicht beklagen. Im Spätsommer 2015 stieg Henner Rinsche, bis dahin für die Märkte Deutschland, Österreich, Schweiz und Italien verantwortlich, im Konzern zum Europapräsidenten auf. Binnen nur eines halben Jahres hat er den Umsatz in seinen vier Märkten um 33 Prozent auf 70 Millionen Euro ausgebaut.

Wobei man bei SodaStream vordergründig auf Bequemlichkeit baut: »Einfach sprudeln statt schwer schleppen« lautet der Slogan, mit dem Rinsche in den ersten fünf Jahren seines Engagements allein in Österreich ein Wachstum von 217 Prozent gelang. Ähnliches versucht er nun auch auf dem Rest des Kontinents. Es wäre durchaus zu wünschen, dass dort künftig mehr Menschen auf klassisches Mineralwasser verzichten. Rinsche selbst sieht in diesem offensichtlich seine hauptsächliche Konkurrenz. »Zum Glück genießen wir in Europa frisches, sauberes und gesundes Trinkwasser, bequem aus dem Wasserhahn zu Hause«, zitiert ihn eine Presseaussendung. »Da ist es doch für Mensch und Umwelt völliger Unsinn, im Supermarkt tausendfach überteuertes Flaschenwasser zu kaufen und nach Hause zu schleppen. Was für ein Plastikmüll für die Umwelt!«

Klar gegen PET-Flaschen spricht sich ebenso Gottfried Löw aus – nicht ausschließlich, aber dezidiert *auch* aus ökologischen Gründen. Gemeinsam mit seiner Frau Martina Kammlander und vier Mitarbeitern beliefert er von der Wiener Leopoldstadt aus 150 Gaststätten, Cafés und Heurige im Großraum Wien mit selbst abgefülltem Soda, aber auch mit Bier und Limonaden. »Die Kunden halten uns die Treue«, freut sich Löw. Ihre Firma – Sodawasser- und Limonadenerzeugung Ernst Aschkenes – besteht bereits seit 1904. Manche von deren Abnehmern gibt es ebenso lange. Als Kunden kamen sie aber erst mit den Jahren. Der Markt hat sich verändert. Allein in Wien gab es früher fünfzig Sodahändler. Fast alle von ihnen sind heute verschwunden. Geblieben ist das Bedürfnis nach dem charakteristischen Sodaprickeln beim Trinken.

1 SodaStream-Wasser ungekühlt

Wie manch Winzer verdanken auch Löw und Kammlander einigen Absatz der Beliebtheit des »Spritzers« – einer leicht alkoholischen, überaus erfrischenden und ebenso bekömmlichen Mischung aus halb Wein, halb Soda; in Deutschland bekannt als Weinschorle. »Spritzer mit Leitungswasser kann man nicht trinken, das wissen auch die Lokalbetreiber. Und Spritzer mit Mineralwasser kommt bei den Gästen nicht an«, meint Löw. Die Firma liefert das Soda in Ein-Liter-Mehrwegglasflaschen, in 20- oder 50-Liter-Fässern für die Schankanlage sowie in der althergebrachten Siphonflasche aus.

»Wir setzen ausschließlich auf Mehrweg und nehmen beim Beliefern mit derselben Fuhre immer gleich das Leergut mit.« PET-Gebinde sind für Löw und Kammlander keine Option, weil die gängigen Kunststoffverpackungen nicht gasdicht sind. »Das ist der Grund, warum in PET abgefüllte Getränke nur ein halbes Jahr lang haltbar sind. Wir müssen bei unseren Getränken zwar auch ein Haltbarkeitsdatum anführen und nennen deshalb ein Jahr. Von Lokalbetreibern, die in Pension gegangen sind und deren Restbestände wir zurückgenommen haben, wissen wir aber, dass unser Soda auch nach acht, neun Jahren noch spritzig ist.«

Eine deutlich gestiegene Nachfrage bemerkt Gottfried Löw in den vergangenen Jahren nach den alten Siphonflaschen mit den im Verschluss eingebauten Kohlensäurepatronen. Er spricht sogar von einem Hype um die wuchtigen Glasflaschen, die nur mit einer speziellen Zange wiederbefüllt werden können. Ihre angestaubte Robustheit verleiht dem Designklassiker eine fast zeitlose Beständigkeit, die dennoch zurückweist in ein als gemütlicher empfundenes Zeitalter. Und der Vintage-Eindruck täuscht auch gar nicht: Die Siphonflaschen sind Überbleibsel und werden nicht mehr hergestellt. Das Glas ist bis zu einen Zentimeter dick, denn die Flaschen stehen unter einem Druck von acht Bar. Nur zum Vergleich: Autoreifen werden mit zwei bis zweieinhalb Bar befüllt. »Wenn so eine Flasche runterfällt, das macht einen ordentlichen Schepperer! Aber trotz der sehr großen Nachfrage auch von privat geben wir die Flaschen nur an die Gastronomie ab, weil ohnehin immer weniger in Umlauf sind.« Vielleicht wäre das gar eine Marktlücke – und eine Möglichkeit für Designer oder ein Start-up, hier ansetzend, in der Nische dem Marktführer SodaStream Konkurrenz zu machen.

Nicht wenige Lokalbetreiber stellen ihr Soda aber selbst an der Schank her. Auch wenn sie mit ihrer kleinen Anlage nie dieselbe Spritzigkeit erreichen wie er – Gottfried Löw hat dafür durchaus Verständnis: »Wenn ein Wirt selbst erzeugt, dann bleibt ihm die höchste Marge.« Auch das ist kein schlechter Grund, auswärts statt dem überteuerten Zuckerwasser internationaler Konzerne einfach mal eine Apfelschorle oder ein Soda zu bestellen. Ich achte dabei auch darauf, immer »ein Soda ohne alles, auch ohne Zitronenscheibe obendrauf« zu bestellen. Das wirkt zwar etwas eigen, aber: Nicht nur ist es eine Unart, überall ungefragt Zitrone mitzuservieren. Auch denke ich nicht daran, zwar zu Hause unbehandelte Bio-Zitrone zu verwenden, mir dann aber unterwegs ungefragt Pestizid-Zitrone unterjubeln zu lassen, von der ich nicht einmal weiß, ob sie überhaupt gewaschen wurde. Dieses Geld kann sich der Wirt gern sparen.

Und auch auf Grander-Wasser oder anderswie »belebtes« Gesöff verzichte ich gerne. Alles, was argumentativ für Grander-Wasser aufgefahren wird, bleibt letztlich Marketing; alle angeblichen Wirkweisen von »Vollmondwasserabfüllungen« und Co wurden entweder naturwissenschaftlich widerlegt oder sind, wie bei esoterischen Verfahren üblich, nicht nachweisbar. Und ich habe noch jedes Mal Durchfall bekommen, wenn ich Grander-Wasser getrunken habe.

Löffle Haselherzen (anstatt Nutella-Junk)

Es ist Zeit, der ungeschminkten Wahrheit ins Auge zu blicken: Wenn bei Kosmetika und Nahrungsmitteln von »nachhaltigem Palmöl« die Rede ist, dann ist das meist eher Augenauswischerei. Versuch es einfach einmal sieben Tage palmfettfrei. Die praktische »Codecheck«-App wird dich dabei unterstützen – und dir gleich auch köstliche Alternativen und umweltverträglichere Cremes vorschlagen.

Nein, ich denke nicht, dass die drei Gläschen Nusscreme, die mir Ebru Erkunt weiland in Nürnberg ausgehändigt hat, wirklich als Bestechung durchgehen. Schließlich ist es absolut üblich, dass auf Messen wie der *Biofach*, der weltgrößten Messe für Bioprodukte, nicht nur im großen Stil Waren gehandelt, sondern auch Produktproben verteilt werden – auf dass das Gegebene später im größeren Stil eingekauft oder aber angepriesen werde. Genau das gedenke ich hiermit zu tun: Ebrus vegane Nussaufstriche zu lobpreisen.

Zu verdanken hat Ebru Erkunt meine ausdrückliche Empfehlung allerdings trotzdem weniger ihren vorzüglichen Nusscremes – wunderbare Genussmittel gäbe es schließlich zur Genüge –, sondern der allumfassenden Dominanz von Nutella; beziehungsweise dem Aufruf der französischen Umweltministerin Ségolène Royal, die picksüße Nuss-Nougat-Palmfett-Paste zu boykottieren. Der Umwelt zuliebe, wie Royal meinte.

Ich kann dem Vorschlag der Umweltpolitikerin einiges abgewinnen und kaufe selbst keine Produkte des italienischen Ferrero-Konzerns. Nicht nur, weil sich darin öfter die problematische Zutat Palmöl findet, sondern auch, weil ich es für verwerflich halte, dass die »Kinder«-Marken des Unternehmens mit ihren Zucker-Fett-Naschereien explizit den Nachwuchs umwerben. Trotzdem bin ich überzeugt, dass sinnvoller als jeder Boykott die Empfehlung eines besseren Produkts ist. Womit wir wieder bei Ebru Erkunt wären

– wobei ich allerdings anmerken muss, dass die Produkte ihres Hamburger Labels *HaselHerz* allesamt nicht bloß besser sind als Nutella, sondern viel, *viel* besser.

Rein geschmacklich sowieso. Als Zeugen führe ich hiermit neben meinen eigenen verwöhnten Geschmacksknospen auch den eigenen Nachwuchs an, an welchen ich – ich gesteh's – damals die süße Gläschengabe zu Hause nach ein paar Löffeln weitergereicht habe. Die Kinder waren begeistert! Von der HaselHerz-Mischung »Liebe Nuss« (zuckerfreies Haselnussmus, mit Traube gesüßt) ebenso wie von »Süße Nuss« (selbe Zutaten, weniger Nuss, mehr Traube). Aber klar, über die eigenen geschmacklichen Vorlieben ließe sich streiten. Darüber, dass HaselHerz ausschließlich biologisch zertifizierte Zutaten verarbeitet, schon weniger. Dass HaselHerz-Cremes dabei auch noch komplett vegan sind (also ganz ohne Magermilchpulver oder andere tierische Produkte aus qualvoller Intensivtierhaltung auskommen) und zum Strecken keinerlei Palmfett beigemengt wird, stärkt die Sache jedenfalls vom ethischen Standpunkt aus betrachtet. Nach allen subjektiven und objektiven Kriterien kann man also guten Gewissens sagen: HaselHerz ist Trumpf! Das pure HaselHerz sticht die Palmfett-Paste Nutella klar.

Motiviert vom Boykottaufruf Ségolène Royals, machte sich auch die Verbraucherzentrale Hamburg daran, herauszufinden, was wirklich in welchem genauen Verhältnis in einem Glas Nutella steckt. Genau genommen, so das Ergebnis der Verbraucherschützer, ist es zumindest nicht besonders präzise, wenn Nutella als »Nuss-Nougat-Creme« beworben wird. An den tatsächlichen Mengenverhältnissen gemessen, müsste es »Zucker-Palmfett-Creme« heißen. Erst an dritter Stelle der Zutaten kommen die auf dem Etikett abgebildeten Haselnüsse. Aber klar: Klingt nicht so toll, wenn sich die Starkicker der deutschen, der österreichischen, der französischen und der italienischen Fußballnationalmannschaft im Werbespot zum Frühstück plötzlich des Sponsors

Paste aus »Zucker und Palmfett« aufs Brot schmieren. Was lernen wir daraus? *Was wollen wir dann? – Ha-sel-Herz! Ha-sel-Herz! Ha-sel-Herz! Ha-sel-Herz!*

Doch widmen wir uns dem von Ségolène Royal angeprangerten Problem mit Nutella: der Verwendung von Palmfett bzw. Palmöl. Dabei handelt es sich um das mittlerweile weltweit meistverwendete Pflanzenöl. Die Jahresproduktion beträgt derzeit unglaubliche 60 Millionen Tonnen – Tendenz stark steigend. In Kurt Langbeins bedrückender Filmdoku *Landraub* rechnet ein Investor nüchtern vor, warum es so überaus profitabel ist, sein Geld in Ölpalmplantagen anzulegen: *Elaeis guineensis* ist die wahrscheinlich ertragreichste Ölfrucht überhaupt. Drei Jahre nachdem die Palme gesetzt worden ist, liefert sie verlässlich reiche Ernte, wobei die Ausbeute erst nach dem 21. Jahr etwas nachlässt. Anders als bei anderen saisonal beschränkt bewirtschaftbaren Pflanzen können ihre rötlichen Früchtebüschel fast ganzjährig abgeerntet werden.

Ein Hektar Ölpalmen liefert so jährlich etwa 3,5 Tonnen Palmfett, wohingegen – nur zum Vergleich – auf derselben Fläche kultivierte Kokospalmen nur 0,7 Tonnen Kokosfett abwerfen. Zudem gilt das Palmöl als verhältnismäßig gesund (weil es frei von Transfetten ist, welche die Wissenschaft gegenwärtig als schädlich einschätzt) und es lässt sich ideal verarbeiten. Sein hoher Schmelzpunkt macht es streichfähig und geschmeidig, in verarbeiteten Produkten ist es zudem deutlich länger haltbar als tierische Fette. Weshalb Palmfett nicht nur in veganen Ersatzprodukten gern eingesetzt wird. So weit, so super. Eigentlich.

Und auch keine große Überraschung, dass die Bezeichnung »Boom« hier tatsächlich zutrifft: Allein in Deutschland, dem derzeit größten Importmarkt, stieg der Palmfettverbrauch zwischen 2006 und 2012 um unglaubliche 365 Prozent an. 2013 machte er bereits 1,5 Millionen Tonnen aus, wovon etwa die Hälfte als pflanzlicher Zusatz Treibstoffen beigemengt wurde. Die andere Hälfte landete in Lebensmitteln oder in Kosmetika.

Wo genau da ein Problem besteht? Nun, die Ölpalme wächst klimatisch leider ausgerechnet dort, wo sich sonst Regenwald befindet – beziehungsweise oft noch bis vor ein paar Jahren befand: in den Tropen. Die dichten Regenwälder Indonesiens und Malaysias, weltweit die beiden größten Exporteure von Palmfett, wurden bis vor ein paar Jahren als die »grünen Lungen der Erde« beschrieben. Mittlerweile sind die einstigen Waldlandschaften weitgehend Monokulturen gewichen. Heute dominieren Ölpalmplantagen – und Rauchschwaden. Denn um das Land zu bewirtschaften, wurden und werden laufend Moore trockengelegt und Regenwälder brandgerodet. Oft schwelen die Feuer in den besonders Methan- und CO_2-haltigen Torfböden tagelang unterirdisch.

Die Auswertungen des Amsterdamer Klimaforschers Guido van der Werf darüber wichen in den Medien im Spätherbst 2015 schnell anderen Schreckensmeldungen, eine nähere Beachtung wäre aber vonnöten gewesen: Gemeinsam mit der NASA betreibt van der Werf die *Global Fire Emissions Database,* die allein in Indonesien weit über 100 000 großflächige Dschungelfeuer ausmachen konnte. Konkret beispielsweise 4719 Feuer allein am 14. Oktober 2015. Noch nicht eingerechnet sind Malaysia und all die anderen Regionen, in denen – wie im afrikanischen Kongobecken – der hohen Profitabilität halber mittlerweile Regenwald Palmplantagenflächen geopfert wird.

Die Brandrodung in den Tropen trägt bereits maßgeblich zu Erderwärmung und Klimawandel bei. Die wirtschaftliche Potenz Indonesiens entspricht zwar nur einem Zwanzigstel jener der USA. Trotzdem ist Indonesien mittlerweile zu einem der größten weltweiten Verursacher von CO_2-Emissionen aufgestiegen, gleich nach den USA und China. Im Herbst 2015 entsprachen die CO_2-Emissionen der indonesischen Regenwaldfeuer in nur drei Wochen dem Gesamtjahresausstoß Deutschlands (wo das Palmöl absurderweise dem Treibstoff beigemengt wird, um die »Klimabilanz« der Bundesrepublik zu schönen). Es ist also keinesfalls eine Übertreibung, wenn George Monbiot, der angesehene BBC-Naturfilmer und Kolumnist für *The Guardian*, die Vorgänge in Indonesien als »Verbrechen gegen Natur und Menschheit« bezeichnet und Palmöl zum Synonym für großflächige Naturzerstörung geworden ist.

Nicht zuletzt werden aus den urtümlichen Regenwäldern auch Naturvölker vertrieben, die dort teilweise seit Zehntausenden von Jahren gelebt haben. NGOs berichten von Entrechtung, sozialem Elend, mitunter von Zwangsarbeit und Sklaverei. Jedenfalls verdrängen die Monokulturen die naturnahe Lebensweise indigener Völker.

»In Reih und Glied stehen beidseits der Straße Ölpalmen in schier endlosen Plantagen in der menschenleeren, unheimlich stillen Landschaft«, schildert Lukas Straumann, der Geschäftsführer des Schweizer Bruno Manser Fonds, von seiner Rechercheireise entlang der Nordküste Borneos. »Die Gegend ist so einsam, dass wegen bewaffneter Räuberbanden nach dem Eindunkeln dringend von der Benutzung der Straße abgeraten wird. Dieser Abschnitt der Küstenstraße wird auch ›The Highway of Fear‹ genannt.« In alle Richtungen erstrecken sich gigantische Monokulturen. »Weder Tiere noch andere Bäume als Ölpalmen sind zu sehen, sondern nur eine einzige grüne Wüste.«

Das belegt in etwa so auch die Wissenschaft. Britische Forscher haben herausgefunden, dass die Artenvielfalt in den Ölpalmplantagen nur noch etwas mehr als einem Zehntel jener des gerodeten Regenwalds entspricht. Was bleibt, sind vor allem »Allerweltsarten«, während gerade die am stärksten bedrohten Tiere – unter anderem Tiger und Orang-Utans – und Pflanzen ganz verschwinden. Mehr als 90 Prozent aller Menschenaffen sind seit den 1990er-Jahren ausgestorben. Dem gegenüber steht die bedrohte Welt der Penan, eines Stammes, dessen Sprache allein 1300 Ausdrücke für Bäume und Wildpflanzen kennt.

»Wir sind im Begriff, den Regenwald aufzuessen«, meint Claude Martin, der langjährige Direktor des WWF International. Wir essen auch die Welt der Penan auf und die Welt der Orang-Utans. In 20 Jahren wird es den Orang-Utan – was auf Malaiisch nichts anderes als »Waldmensch« bedeutet – voraussichtlich nur mehr in Zoos geben.

Viele wissen gar nicht, dass sie mit ihren Schokoriegeln, veganen Leckereien und Fettschmieren den Regenwald verzehren; dass sie sich mit ihrem Mascara im übertragenen Sinne die Asche eines Orang-Utans in die Wimpern schmieren. Anders als Nuss oder Nougat ist Palmöl schließlich keine Zutat, welche die Nahrungsmittelindustrie stolz angibt und groß auf Verpackungen druckt. Seit 2015 muss Palmöl zwar als Inhaltsstoff ausgewiesen werden. Fast immer passiert das aber im Kleingedruckten und oft auch noch in Klammern. »Pflanzliche Fette (Sonnenblumen, Soja, Palm)« ist da etwa zu lesen.

Sieben palmölfreie Tage hat sich im Sommer 2015 die Wiener Umweltberaterin Michaela Knieli verordnet und über ihr Experiment kurze Blogbeiträge verfasst. Zu ihrem Erstaunen fand Knieli Palmfett nicht nur in ihrem liebsten Bio-Knuspermüsli, in Suppenwürfeln, Margarine und Brotaufstrichen, sondern auch in Knabbereien, gerösteten Erdnüssen, vorgewürzten Tiefkühlgemüsemischungen und in den Topfengolatschen und Croissants ihrer Bäckerei.

Warum Michaela Knieli in ihrem Experiment Kosmetik- und Körperpflegeprodukte ganz ausgespart hat, ist nicht ersichtlich. Ich habe den Selbstversuch Anfang 2016 wiederholt und Palmöl unter anderem, mühsam entzifferbar, im Kleingedruckten meiner Bio-Handcreme entdeckt. Kosmetika benutze ich kaum. Mein Fazit deshalb: Palmfett findet sich zwar längst nicht ausschließlich, aber doch vor allem in stark verarbeiteten, industriellen Nahrungsmitteln.

Meistens wird es zum Strecken oder Kaschieren schlechter Konsistenzeigenschaften verwendet. Es ist wohl kein Zufall, dass Palmöl mittlerweile zwar fast in jedem zweiten im Supermarkt erhältlichen Lebensmittel enthalten ist, aber kein Mensch eine Flasche Palmöl zum Verfeinern des Selbstgekochten zu Hause hat. Wohingegen wohl kein Koch und auch keine Köchin, die etwas auf sich hält, gerne auf das Gepresste der Sonnenblumen- oder Kürbiskerne, auf Raps-, Walnuss- oder auf Olivenöl verzichten möchte.

Freiwillig frisst keiner von uns den Regenwald auf. Doch das Palmöl wird uns von der Industrie untergejubelt. Um selbst herauszufinden, in welchen Produkten das passiert, empfehle ich einen entspannten Rechercheabend auf der Website *www.codecheck.info* – beziehungsweise für den täglichen Einkauf die »Codecheck«-App. Für den gesamten Sprachraum entschlüsselt die in der Schweiz für Android und iPhone entwickelte App binnen Sekunden das Kleingedruckte. Ein Scan des Strichcodes mit der Handykamera reicht aus, und sofort hast du am Display Zutaten und Inhaltsstoffe nicht nur in leicht lesbarer Größe angeführt, sondern wirst auch auf die problematischen Aspekte so mancher Ingredienz hingewiesen. Bringt dein Codecheck-Scan etwa ein »Enthält Palmöl« als Ergebnis, dann schlägt die App automatisch vergleichbare Produkte vor, die ohne diesen Inhaltsstoff auskommen.

Die laufend verbesserte App und der beeindruckende Datensatz des Schweizer Unternehmens ermöglichen auch eine fundierte Einschätzung der Entwicklung zum Palmöl-Boom. Im Dezember 2015 veröffentlichte Codecheck sogar eine eigene »Palmöl-Studie« – im Wesentlichen eine Auswertung der eigenen diesbezüglichen Daten samt Lagebeschreibung und abschließenden Handlungsanweisungen. 115 000 der bei Codecheck erfassten Lebensmittel und 96 000 berücksichtigte Kosmetikprodukte enthalten mittlerweile Palmfett. Im Erfassungszeitraum von September 2012 bis Oktober 2015 bedeutet das einen 6,5-prozentigen Zuwachs von palmölhaltigen Produkten. In einzelnen Kategorien – beispielsweise bei Schokocremes – beträgt das Plus sogar 26 Prozent. Und bereits 44 Prozent aller Gesichtscremes und 42 Prozent aller Make-ups enthalten das problematische Pflanzenfett.

Außer in der Bio-Kosmetik sinkt dabei anteilsmäßig das verwendete Bio-Palmöl. Am Weltmarkt deckt Bio-Palmöl derzeit einen überschaubaren Marktanteil von gerade einmal 0,1 Prozent ab. Eine Vermutung, warum der Einsatz von Bio-Palmöl insgesamt zurückgeht, stellt die Codecheck-Studie auch an: »Grund kann die wachsende Kritik an Bio- und Nachhaltigkeitszertifizierung von Palmöl sein.« Zwar gibt es mittlerweile eine Vielzahl von Zertifizierungssystemen für »nachhaltiges« Palmöl, in Deutschland seit 2013 etwa das Forum Nachhaltiges Palmöl (FONAP), einen Zusammenschluss von 43 Unternehmen, Verbänden und Nichtregierungsorganisationen – Umweltminister Christian Schmid verkündete im November 2015 sogar, dass in Deutschland mittelfristig nur noch »nachhaltig« produziertes Palmöl verwendet werden solle. Doch dass alle bisherigen Zertifizierungssysteme unzureichend sind, darüber herrscht bei sämtlichen ernst zu nehmenden NGOs weitgehend Einigkeit.

Den *Roundtable on Sustainable Palm Oil* (RSPO) – also den runden Tisch für nachhaltiges Palmöl –, den der WWF 2004 als freiwillige Plattform gemeinsam mit der Industrie gestartet hat, erachtet auch der World Wide Fund for Nature selbst erst als allerersten Schritt in die richtige Richtung. Eingedenk des Palmölbooms im Jahrzehnt seit der Gründung des RSPO und auch der abgeholzten Regenwälder ist fraglich, ob die frommen freiwilligen Bekenntnisse der Branche überhaupt irgendetwas bewegt und bewirkt haben. Zumal laut Öko-Test von 2013 ohnehin 99 Prozent (in Worten: neunundneunzig Prozent) des »nachhaltig« zertifizierten Palmöls im Bereich Waschmittel, Reinigung und Kosmetik durch Zertifikatehandel zustande kamen. Das heißt: Die

Unternehmen, die nicht nachhaltige Rohstoffe verwenden, kaufen sich über einen Ablasshandel von ihren Umweltsünden frei – und dürfen sich sogar noch »nachhaltig« nennen und eine »GreenPalm« auf ihren Produkten anführen. Bei Greenpeace spricht man deshalb von Greenwashing.

»Auf dem Papier klingen die Nachhaltigkeitskriterien von RSPO ziemlich gut: So wäre beispielsweise die Anlage von Ölpalmplantagen auf indigenem Land ohne Einwilligung der betroffenen Ureinwohner untersagt. Doch in der Praxis sind die RSPO-Kriterien ein Papiertiger und die Label-Verwaltung ist ein ineffizienter bürokratischer Apparat, der davor zurückschreckt, die Umsetzung seiner Kriterien bei den mächtigen Konzernen, die das Label finanzieren, einzufordern«, urteilt Lukas Straumann. Der Geschäftsführer des Bruno Manser Fonds hält die Labels für »nachhaltig produziertes Palmöl« für wertlos und schätzt sogar, dass erst sie es waren, die Palmöl in den vergangenen Jahren so richtig salonfähig gemacht haben: »Für die Palmölindustrie ist die Erfindung des Nachhaltigkeitslabels RSPO ein Geschenk des Himmels. Wo immer Kritik auftaucht, kann man sich darauf berufen – ohne dass die Geschäftspraxis groß geändert werden müsste.«

Auch das Fazit der Codecheck-Studie deutet in diese Richtung: »In Deutschland gibt es viele Zertifikate, die vom Forum Nachhaltiges Palmöl anerkannt sind. Die Zielsetzungen der Initiativen und Organisationen sind gut, dennoch können sie nur als erster Schritt in die richtige Richtung verstanden werden, da bindende Verpflichtungen fehlen oder erhebliche Schwächen, Mängel und Regelverstöße nicht ausgeschlossen werden können. Eine endgültige Lösung bieten alle bestehenden Siegel momentan nicht an. Dennoch ist zertifiziertes Palmöl, bei aller Kritik, immer noch besser als nicht zertifiziertes.«

Wenn es um das Thema Palmöl geht, wird mittlerweile fast immer ein Blogbeitrag der deutschen WWF-Mitarbeiterin Ilka Petersen zitiert oder verlinkt. In dem unmittelbar nach dem französischen Nutella-Boykottaufruf verfassten Text argumentiert Petersen einigermaßen schlüssig, warum sie eine Ächtung von Ferrero und auch einiger anderer Unternehmen für wenig sinnvoll hält. Das Hauptargument ihres wirkungsmächtigen Kommentars: Wir sind ohne Alternativen, denn andere Ölpflanzen wie Soja, Kokos oder Sonnenblume würden noch mehr Fläche beanspruchen. Die Kultivierung von Ölpalmen wäre da wenigstens effizient. Die Vermeidung von Palmöl empfiehlt Ilka Petersen dennoch: »Kauft möglichst frische Lebensmittel, weniger Süßes und Fettiges, auch wenn es wehtut! Schmeißt weniger weg! Und kauft Bio, denn Bio-Palmöl kommt zusätzlich noch ohne Pestizide aus.«

Was die WWF-Bloggerin dabei ausspart: dass zahlreiche NGOs auch den Anbau von Bio-Palmöl immer wieder kritisieren. Vor allem, weil dieser im Wesentlichen von zwei Großkonzernen dominiert wird, von welchen einer überhaupt nur zu einem geringen Teil mit Bio-Palmöl handelt und eigentlich vom konventionellen Raubbau lebt. Die »Handlungsempfehlungen an Konsumenten«, die Codecheck in seiner Palmöl-Studie abgibt, sind da schon eindeutiger: Neben einer Reduktion des persönlichen Palmölverbrauchs, der klaren Bevorzugung nicht palmfetthaltiger Speisen und Kosmetika und dem aktiven Nachfragen im Handel (»Woher kommt das verwendete Palmöl?«) empfiehlt das Schweizer Unternehmen auch, bei der eigenen Geldanlage darauf zu achten, dass nicht in Firmen investiert wird, die Palmöl anbauen. Wir erinnern uns: plus 365 Prozent Palmöl in Deutschland – solche Zahlen sind ein gefundenes Fressen für Fonds und Investoren, die auf schnelles Geld aus sind. Bei Codecheck geht man noch einen Schritt weiter. Gründer Roman Bleichenbacher rät sogar, »Gruppen, Vereine und andere Initiativen, die zum Thema Palmöl arbeiten, zu unterstützen«.

Einem anderen Schweizer Umweltschützer, dem bereits erwähnten Lukas Straumann, folgend, stelle sich letztlich die Frage, »ob ein Massenprodukt, das immer auf Kosten des Regenwaldes und fast ausschließlich in großflächigen Monokulturen hergestellt wird, überhaupt nachhaltig sein kann«. Um eine Palmölmühle profitabel betreiben zu können, braucht es Experten zufolge nämlich mindestens 4000 Hektar Ölpalmen im Umkreis. Für ernsthaften Umweltschutz und den Erhalt der Artenvielfalt bleibt in derart gigantischen Monokulturen wohl eher kein Platz, selbst wenn biologisch zertifizierte Plantagen natürlich geringfügig besser sind – zumindest wenn ihre Betreiber den Bio-Gedanken ernst nehmen und sie dabei auch wirklich regelmäßig kontrolliert werden. Doch dass die Brandrodung von Regenwald in Indonesien offiziell bereits seit 1999 gesetzlich verboten ist, hat schließlich auch nicht verhindert, dass sich diese Praxis dort immer noch rasant verbreitet.

Auch wenn sie einige Absätze lang gegen den Vorschlag der französischen Umweltministerin anschreibt: Wirklich beim Wort genommen, kommt auch Ilka Petersens Empfehlung »Kauft Bio!« de facto einem Boykottaufruf von Nutella gleich. Denn weder der in der Creme enthaltene Zucker noch das Palmfett sowie Nuss und Nougat stammen aus biologischer Bewirtschaftung.

Und wollen wir gleich zwei ihrer Ratschläge beherzigen – nämlich Bio kaufen und Palmöl vermeiden –, dann landen wir, du ahnst es schon, wieder bei HaselHerz. Weil Ebru Erkunts Nusscremes ebenfalls ganz schön süß und fettig sind, tut dieser Wechsel dann auch gar nicht weh. Und Orang-Utans würden sowieso HaselHerz kaufen.

Praktisch, schnell und einfach nützlich: Die für Android und iPhone verfügbare »Codecheck«-App zeigt und kommentiert beim Einkaufen durch einen unkomplizierten Barcode-Scan mit der Handykamera gut lesbar die Zutaten und In-haltsstoffe der meisten im Supermarkt verkauften Waren. Sind Ingredienzen problematisch – etwa Palmöl oder Aluminium –, dann schlägt die App auch gleich alternative Produkte vor.

www.codecheck.info

Mit ihren veganen, biologisch zertifizierten und komplett palmölfreien Nusscremes versucht die Hamburgerin Ebru Erkunt eine türkische Spezialität auf dem deutschsprachigen Markt zu etablieren. Möge der Versuch gelingen!

www.haselherz.de

Der Schweizer Journalist Lukas Straumann, nunmehriger Geschäftsführer des Bruno Manser Fonds, dokumentiert seine Recherche auf den Spuren der malaysischen Holzmafia in einem 2014 im Salis Verlag erschienenen Buch. *Raubzug auf den Regenwald* liest sich wie ein Thriller, berichtet von gerodeten Wäldern, untergehenden Welten – und führt uns in das korrupte System der malaysischen Holz- und Palmölwirtschaft ein.

www.bmf.ch

Die NASA und das European Research Council (ERC) finanzieren die vom Amsterdamer Klimaforscher Guido van der Werf initiierte *Global Fire Emissions Database*. Die ausgewerteten Daten zeigen unter anderem, wie sich die illegalen Brandrodungen in Indonesiens Regenwäldern auswirken.

www.globalfiredata.org

Grill nicht nur die Henne, sondern auch den Hahn

Angenommen, du bist durch und durch Durchschnitt: Dann isst du aufs Jahr hochgerechnet 320 Eier – was ziemlich genau dem Output einer fleißigen Legehenne entspricht. Um die gängige Praxis, deren schmalbrüstige Bruderhähne gleich nach dem Schlüpfen zu töten, zu beenden, müsstest du neben all den Eiern jährlich auch einen Hahn essen. Gockel gehören großgezogen – und dann ab auf den Grill mit ihnen!

Vegetarismus ist intellektuell nicht ernst zu nehmen. Einzig die Ablehnung von Fleisch und Wurst aus Geschmacksgründen kann man Zeitgenossen, die alle tierischen Produkte außer Ei, Milch und Käse verabscheuen, noch irgendwie durchgehen lassen. Kann ja wirklich sein, dass einem Fleisch gar nicht mundet. Wenn du allerdings Milch trinkst, dir einen Happen Käse gönnst und zum Frühstück Eier rührst, aber trotzdem meinst, auf diese Weise blieben Tiere verschont, dann hast du die Sache schlicht nicht durchdacht. Zumindest hast du nicht zu Ende gedacht, dass Kuh, Schaf und Ziege nur dann Milch geben, wenn sie regelmäßig Kälber, Lämmer und Zicklein bekommen. Oder du hast dir keine Gedanken gemacht, was mit dem Nachwuchs passiert. Vor allem für die männlichen Tiere gibt es nämlich keine andere Verwendung außer als Fleischlieferant. Lässt die Milchleistung der Muttertiere nach, landen auch sie eher früher als später auf dem Schlachthof.

Und auch die 42 Millionen Legehühner, deren Eier in Deutschland derzeit gegessen und verarbeitet werden, verbringen ihren Lebensabend nicht auf Gut Aiderbichl am Gnadenhof. Gut möglich, dass du regelmäßig welche von ihnen als Konservenfutter für Hund und Katz nach Hause trägst. Wie gesagt: Vegetarismus, der meint, seinetwegen würden Tiere verschont, ist intellektuell zumindest unzulänglich.

Früher war die Sache einfach: Da lieferten Hühner Eier und Fleisch, Hähne brauchte man deshalb weniger. Weil aber aus jedem zweiten Ei ein Hahn schlüpft, wurden die männlichen Küken entweder kastriert und gemästet oder aber eine Zeit lang durchgefüttert, und irgendwann landeten sie in der Suppe. Dann veränderte sich unsere Landwirtschaft. Ins Spiel kamen spezialisierte Rassen: Legehühner fürs Eierlegen, Masthühner fürs Fleisch. Plötzlich war die Sache kompliziert geworden. Während die muskulösen Brüder der Masthühner weiterhin problemlos als Fleischlieferanten dienten, waren die schmächtigen Brüder der Legehennen plötzlich zu nichts zu gebrauchen. Unnütz, überflüssig, wertlos.

Schnellstmöglich werden sie deshalb heute als Abfall entsorgt. Kaum aus dem Ei geschlüpft, vergasen Brütereien die Bruderhähne. Geschreddert oder tiefgefroren landen sie als Tierfutter in Zoos, auf Greifvogelstationen oder beim Reptilienhändler. 42 Millionen Legehühner in Deutschland bedeuten 42 Millionen automatisiert getötete männliche Küken. Zwei Millionen dieser sogenannten »Eintagsküken« sind Brüder späterer Bio-Legehühner.

Dieses moralische Dilemma ist zumindest der Biobranche durchaus bewusst. Denn der Umgang mit männlichen Nutztieren stellt die derzeit größte ethische Baustelle unserer industrialisierten Lebensmittelproduktion dar. »Für einen besseren Umgang mit (männlichen) Nutztieren«, so lautete deshalb im Herbst 2015 das Motto der Freiland-Tagung in Wien. Damit ist gewissermaßen die Gender-Bewegung in der Veterinärmedizin und bei den Nutztierhaltern angekommen. Gleich drei Vorträge widmeten sich dem brisanten Geflügelthema und dem »Sexing«, also dem Identifizieren und Ausmerzen der Bruderhähne.

Wobei das Problem in Österreich bald gelöst sein dürfte, zumindest im Biobereich. Auch auf Druck der Öffentlichkeit haben sich alle drei großen Vermarkter von

Bio-Eiern auf eine moralisch vertretbare Branchenlösung geeinigt. Spätestens 2017 sollen keine Bio-Eier *made in Austria* mehr in Umlauf kommen, für die sinnlos Bruderhähne gemetzelt wurden. Alles dank »Sandy«. Das Huhn Sandy ist eine Züchtung des Lohmann-Konzerns, welche die besten Eigenschaften der hoch spezialisierten Rassen Rhodeländer und White Rock vereint: Vitalität, Legefreude, ein ruhiges Wesen und Muskelmasse. Zu den Vorzügen von Sandy gehört ihre gewaltige Legeleistung: Sie legt um fünf Prozent mehr Eier als die bisher in der Bio-Eiproduktion dominante Hybridkreuzung.

Die Biobranche setzt diesbezüglich in Österreich also klar auf eine Intensivierung und höhere Outputs als bisher – möglichst rasch möglichst viele möglichst große Eier, heißt die Devise. Mit dem Ziel, durch diesen Überschuss die sonst unrentable Mast der männlichen Küken querzusubventionieren.

Noch fehlt es an willigen Mästern. Weshalb Manfred Söllradl, Geschäftsführer des Vermarkters »Eiermacher« und geistiger Vater des Vorstoßes, derzeit nach Biobauern sucht, welche ihre leer stehenden Schweine- oder Kuhställe adaptieren und für die Hahnenmast wiederbeleben wollen. Die alten Ställe sollen zur neuen Heimat des »Hinterhof-Hahns« werden, der wenig Platz und gar nicht so viel Auslauf braucht, dafür etwas mehr Zeit. In neun statt den sonst üblichen fünf Wochen erreicht er sein Schlachtgewicht von einem Kilogramm. Viel dran ist an den Hähnen nicht. »Als Einzelteile werden sich mittelfristig die Schenkel vermarkten lassen«, meint Söllradl. Die Hahnenbrust ist schwach ausgeprägt, weshalb die Tiere vorerst zu Bratwürsten oder Käsekrainern verwurstet oder als Nuggets oder Suppenhühner verkauft werden sollen. Mittelfristig hoffen die »Eiermacher« auch die französische Tradition des Stubenkükens importieren zu können. Früher galt der 500 Gramm schwere Junghahn auch in unseren Breiten als Delikatesse.

Gut möglich, dass sich fortschrittliche Gastronomen wieder dafür begeistern ließen.

Der Handel jedenfalls, gerade auch die großen Ketten, hat sich bereit erklärt, die Vermarktung des Hahnenfleisches mitzutragen und offensiv zu kommunizieren. Dafür macht sich die Branche eine andere Besonderheit Sandys zunutze: Sandys Eier sind cremefarben-beige und an den Enden spitz zulaufend. Jedes Bio-Ei ist in Österreich künftig zwar um zwei, drei Cent teurer als bisher, dafür kannst du es aber auf den allerersten Blick klar als solches erkennen und von konventioneller Ware unterscheiden.

250 g Huhn konventionell gemästet

Konventionelle Eiproduktionsbetriebe versuchen, das ethische Problem der Eintagsküken auf eine andere Art zu lösen – mittels der Früherkennung des Geschlechts im Ei. Die Anstrengungen sind enorm. Spätestens seit sich Länder wie Nordrhein-Westfalen, Hessen oder Baden-Württemberg gegen das Töten von Eintagsküken aussprechen und auch Bundeslandwirtschaftsminister Christian Schmidt klargemacht hat, dass er das Töten der männlichen Küken aus der Legehennenbrüterei ganz klar für den Auswuchs eines aus dem Ruder geratenen Tierhaltungssystems halte, das in dieser Form beendet werden müsse. Das Ultimatum des Ministers läuft 2017 ab. Deutschland sieht deshalb dieser Tage gespannt zu, was *in ovo* – also im Ei – passiert. Denn dem Ziel – männliche sich entwickelnde Embryonen im bebrüteten Ei auszusortieren, bevor diese Schmerz empfinden – sind Forscher an der Universität Leipzig bereits sehr nahe. Lediglich an der Umsetzung in die industrielle Praxis scheitert es derzeit noch, wie Maria-Elisabeth Krautwald-Junghanns von der dortigen Klinik für Vögel und Reptilien bei der Freiland-Tagung in Wien referierte.

Das Geschlecht eines Embryos lässt sich bereits mit 98-prozentiger Genauigkeit vorhersagen. Dafür wird mit einem CO_2-Laser ein kleines Loch in die Kalkschale des Eis gebrannt, durch welches binnen weniger Sekunden die Hormonkonzentration des Embryos ermittelt wird. Anders als bei unversehrten Eiern schlüpfen allerdings nach dieser Prozedur nicht aus allen untersuchten Bruteiern auch wirklich Küken. Noch dauert die Untersuchung außerdem zu lange. Künftig soll sie vollautomatisch, rechnergesteuert, schnell, kostengünstig und mit hoher Präzision erfolgen. »Die Automatisierung des Prozesses stellt dabei eine große Herausforderung dar, da das Lebewesen ›befruchtetes, bebrütetes Hühnerei‹ kein genormter Gegenstand ist, sondern eine hohe Variabilität aufweist«, so Krautwald-Junghanns. »Auch bleibt die Frage nach der Tötung und Vermarktung männlicher Embryonen in diesem Stadium offen.«

250 g Bio-Huhn

Weltweit würde ein Erfolg des massiv von der deutschen Bundesanstalt für Landwirtschaft und Ernährung geförderten Projekts dennoch einen Quantensprung bedeuten. Immerhin müssen für die derzeit jährlich 700 000 000 000 (also 700 Milliarden) verbrauchten Eier 2 500 000 000 (2,5 Milliarden) männliche Legehybridküken unmittelbar nach dem Schlüpfen ihr Leben lassen. Das ethische Dilemma des systematischen sinnlosen Tötens bleibt allerdings auch bestehen, wenn die Tiere *in ovo* sterben müssen.

Manche Akteure in der deutschen Biobranche beziehen deshalb eindeutig Stellung gegen diese wohl weiterhin problematisch bleibende Praxis – und schlagen sich auf die Seite der Hähne. Anders als in Österreich aber, wo man branchenweit auf eine noch höhere Legeleistung der Hühner als bisher baut, um die Männchen durchfüttern zu können, setzen in Deutschland mit Bioland und Demeter immerhin zwei der großen Bio-Verbände auf sogenannte Zweinutzungshühner.

Das Problem dabei: Ein solches Huhn, welches gleichermaßen Eier liefert wie Fleisch abwirft und dessen Haltung sich gleichzeitig wirtschaftlich rechnet, muss erst noch geschaffen werden. Die historischen Zuchtlinien und alten Rassen erfreuen sich zwar unter Hobbyhaltern steigender

Beliebtheit. Im heutigen Wettbewerb mit hochgezüchteten Hybridtieren können sie allerdings nicht mithalten. Gemeinsam haben Demeter und Bioland eine gemeinnützige ökologische Tierzucht gegründet, die ein zeitgemäßes – sprich: wettbewerbsfähiges – Zweinutzungshuhn schaffen soll.

Während Kritiker anmerken, die Biobranche könnte mit dem Zweinutzungshuhn womöglich aufs falsche Pferd setzen, weil dieses weder eine richtige Legehenne noch ein richtiges Masthuhn ist, hat die »Bruderhahn Initiative« in Nischenmärkten bereits erste Erfolge errungen. Seit einiger Zeit vermarktet etwa der Schweizer Babynahrungshersteller Holle das Geflügelfleisch der Bruderhähne in drei seiner Babykostgläschen. Und unter dem auffälligen altrosa Emblem eines stolz krähenden Bruderhahnes werden seit ein paar Jahren auch die Eier einiger engagierter Betriebe vermarktet – sie sind etwas teurer als herkömmliche Bio-Eier. Erst diese Mehreinnahmen (»4 Cent für die Ethik«) ermöglichen das Durchfüttern der Bruderhähne.

Darüber hinaus streben die Bruderhahn-Aktivisten einen Systemwechsel an. Auf *www.bruderhahn.de* bekunden sie ihre Unzufriedenheit mit der vorherrschenden einseitigen Zucht von Hochleistungsgeflügel aus Linien, »die von Monopolisten gezüchtet werden und in Konzernhand sind«. Ein Zuchterfolg wäre den deutschen Hahnenschwestern und Bruderhähnen jedenfalls zu wünschen. Ob sich mit Zweinutzungshühnern selbst im besten Fall mehr als nur kleine Nischenmärkte bedienen lassen, werden wir in ein paar Jahren wissen.

Im schlimmsten Fall müsste wahrscheinlich auch in Deutschland Superhenne Sandy als Retterin einspringen. Dann wären zwar auch die deutschen Bio-Eier cremefarbenbeige. Die Biobranche wäre mit einem Scheitern der gemeinnützigen Zucht eines Zweinutzungshuhns allerdings weiterhin in der Hand eines Agrarkonzerns. Denn Sandy heißt mit vollem Namen »Lohmann Sandy« und ist eine Zuchtlinie der zur niedersächsischen EW Group gehörenden Lohmann Tierzucht.

Den allerschlimmsten Fall – dass die Biobranche künftig die ungeschlüpften Hähne als Müll entsorgt – schließen Kenner der Bewegung allerdings eher aus. »Ich glaube, dass sich die Bio-Landwirtschaft prinzipiell für die Bruderhahn-Mast begeistern wird«, schätzt etwa Reinhard Gessl, Nutztierwissenschaftler und Organisator der Wiener Freiland-Tagung.

Du selbst kannst den Lauf der Dinge jedenfalls ganz einfach mitbestimmen – indem du nicht nur beige Bio-Eier kaufst, sondern kulinarisch auch dem schmalbrüstigen Bruderhahn oder dem Stubenküken eine Chance gibst.

Statistisch reicht es aus, wenn du dir zusätzlich zu den 320 Eiern, die jeder von uns im Schnitt verbraucht, jedes Jahr einen Hahn schmecken lässt. Denn für jede Legehenne muss ein Bruderhahn durchgefüttert und gegessen werden. Streng genommen müsstest du aber öfter zulangen, um aufzuessen, was die Vegetarier in deiner Familie und im Freundeskreis übrig lassen. Weil diese zwar Eier, aber eben kein Fleisch essen, delegieren sie die Verantwortung für »ihre« Bruderhähne nämlich bequem an dich. Sieh es ihnen einfach nach – und gönn dir einen zweiten oder dritten Gockel.

Tipps

In Schlierbach in Oberösterreich befindet sich Österreichs erste Eier-Packstelle, die ausschließlich Bio-Freilandeier verpackt. »Ein bisschen Bio geht nicht«, meint Geschäftsführer Manfred Söllradl.

www.eiermacher.at

2015 haben zwei große deutsche Bio-Verbände (Bioland und Demeter) gemeinsam eine gemeinnützige ökologische Tierzucht gegründet. Unternehmensziel ist die Zucht eines auch ökonomisch überlebensfähigen Zweinutzungshuhns, das sowohl Eier als auch Fleisch liefert. Als Unterstützung für die ambitionierte Arbeit werden gerne Spenden angenommen.

www.oekotierzucht.de

Seit 2012 vermarktet die »Bruderhahn Initiative« die ausgewiesen teureren Eier der Schwesterhennen. Ein offen kommunizierter Preisaufschlag von vier Cent pro Ei stützt die – schwierige – Vermarktung des Fleisches der Bruderhähne. Auch mit Rezepten, etwa Hahn im Römertopf, will die Initiative die Deutschen auf den Hahnengeschmack bringen.

www.bruderhahn.de

Vorbildlich verarbeitet das dem Demeter-Gedanken verpflichtete Schweizer Unternehmen Holle seit 2014 Bio-Hahnenfleisch für seine Kindernahrung. Putenfleisch kommt bewusst keines mehr zum Einsatz, dafür landet der Bruderhahn in den Bio-Babygläschen der drei Sorten »Hühnchenfleisch«, »Kürbis mit Huhn« sowie »Kürbis, Kartoffel und Huhn«.

www.holle.ch

Teile eine Kuh

Kauf mit Gleichgesinnten eine Kuh, lass sie schlachten und dir ihr Steak, die Nuss und das Gulaschfleisch nach Hause schicken. Bio, regional, im Freiland gehalten und vielleicht sogar gleich am Hof geschlachtet – besseres Rindfleisch gibt's nicht.

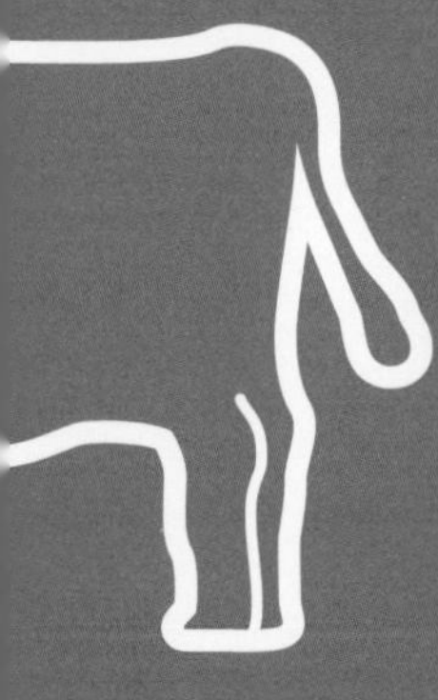

Stimmt schon, nichts ist mühsamer als der gemeine Überläufer. Einmal die Seiten gewechselt, predigt er plötzlich das genaue Gegenteil dessen, wofür er – oder sie – immer stand. Der Kettenraucher, den das Leben zum radikalen Rauchgegner gewandelt hat. Der Veganer, den der plötzliche Heißhunger auf Hotdog wieder zum Fleischfressen bekehrt. Die Metzgerstochter, die gelobt, nie wieder in eine Wurst zu beißen. Wir kennen sie alle, die Geläuterten, die oftmals den Missionar und keine Ruhe mehr geben. Aber: In genau diese Kategorie fällt die Amerikanerin Nicolette Hahn Niman eben *nicht*. Und ihre Stimme hat deshalb Gewicht.

Zwar führte die New Yorkerin als Umweltanwältin und bekennende Vegetarierin lange Jahre einen Kreuzzug gegen die Fleischindustrie und das in den USA weitverbreitete *factory farming*. Dass so jemand erst einen Rancher heiratet und dann ein Buch mit dem unmissverständlichen Titel *Defending Beef* veröffentlicht, also zu einer umfassenden Verteidigung des Rindfleischessens anhebt, ist in der Tat etwas ungewöhnlich. Doch die simple Formel »Prominente Umweltanwältin läuft zum Feind über und verteidigt das Schweinesystem« trifft es eben genau nicht. Und das nicht nur, weil Niman – fast ein wenig paradox – dem Vegetarismus treu geblieben ist.

Mit der industriellen Tierhaltung und deren System der *factory farms* hat sie sich nämlich alles andere als arrangiert. Ihre intensiven Recherchen zum Thema Fleisch und dessen Umweltauswirkungen haben sie allerdings, erzählt Niman im *Modern Farm Girls*-Podcast, immer mehr davon abgebracht, die Anti-Fleisch-Pamphlete, die ihr auf der Highschool und später an der Uni untergekommen waren, einfach so nachzuplappern. *Defending Beef* argumentiert schlüssig und fundiert, dass eine naturnahe Rinderhaltung Teil einer nachhaltigen Landbewirtschaftung darstellt und die Klimaauswirkungen und Methangasbelastung durch Rinder – wir erinnern uns: furzende Kühe – schwerste Übertreibung sind. *Defending Beef* verteidigt die Weidewirtschaft, die im Gegensatz zum großflächigen Anbau von Getreide, Mais und Soja eine artenreiche Kulturlandschaft bedingt, an Flächen gebunden bleibt und dadurch die lokale Wirtschaft stärkt. Und Niman hält fest, dass durchaus auch gesundheitliche Argumente für einen maßvollen Genuss von hochwertigem Rindfleisch sprechen.

Zu Recht wurde *Defending Beef* viel gelobt und etwa von der Zeitschrift *The Atlantic* unter den »Best Food Books 2014« gelistet. Auch das moralische Killerargument – die Frage: »Warum töten, wenn es nicht notwendig ist?« – hebelt Niman mit ihrem ganzheitlichen Wissen um Landwirtschaft und natürliche Kreisläufe versiert aus: Die Selbstsicht so mancher Vegetarier und nicht weniger Veganer erachtet sie als eine Art Lebenslüge. Von ethischer Überlegenheit könne nämlich keine Spur sein: »Jede einzelne Farm, die Getreide anbaut, tötet Millionen Lebewesen mit ihrer schweren Gerätschaft, den Maschinen, ihrem Einsatz von Chemikalien und vor allem dem Pflug, der die Erde aufreißt, das Bodenleben stört.« Im Schlagwort der *cruelty-free diets*, also einem Speiseplan, der ohne Grausamkeit gegenüber dem Mitgeschöpf auskommt, sieht Nicolette Hahn Niman nichts als eine hohle, selbstgerechte Phrase. Stattdessen spricht sie von einem »Armageddon der Habitate«, also einem Weltuntergang der Lebensräume zahlreicher Insekten, Vögel und Wildtiere durch den modernen Anbau von Feldfrüchten. Diesem stellt sie eine großflächige, extensive Viehwirtschaft gegenüber.

In der englischsprachigen Welt hat sich dafür in der Vermarktung – von Nordamerika über Großbritannien bis Australien und Neuseeland – das hübsche Wörtchen *grassfed* eingebürgert. Es bedeutet: mit Gras gefüttert; also: weitestgehend im Freien, auf der Weide gehalten. Es steht im Gegensatz zu *grainfed*, also zur Intensivmast mit Weizen-, Mais- oder Sojaschrot.

Viel näher ist nicht verbindlich definiert, was als *grassfed* verkauft werden darf. Das United States Department of Agriculture (USDA) hält lediglich fest, was die derart bezeichneten Tiere fressen dürfen – nämlich ausschließlich Gras. Der Einsatz von Antibiotika oder Wachstumshormonen, Kriterien der Tierhaltung oder weiter reichende Aspekte der Nachhaltigkeit wie Gewässerschutz und dergleichen sind nicht geregelt. Weshalb unterschiedlichste Verbände und Anbieter voneinander abweichende Kriterien festgelegt haben.

Die »American Grassfed Association« etwa knüpft die Vergabe ihres Gütesiegels auch daran, dass *grassfed* Beef ausschließlich von in den USA geborenen und aufgewachsenen Rindern stammt, die – eben alles andere als eine Selbstverständlichkeit – niemals mit Antibiotika oder Wachstumshormonen in Kontakt gekommen sind. Das »Certified Grassfed«-Logo der Food Alliance wiederum dürfen nur Betriebe verwenden, deren Tiere ihr Leben fast durchgehend im Freiland verbracht haben und die sich auch an soziale Mindeststandards für ihre Cowboys und -girls halten.

Rancher Bill Niman und seine Frau Nicolette wiederum produzieren und vermarkten auf ihrer Farm in Kalifornien »durch und durch natürliches Fleisch, aufgezogen von kleinen Familienbetrieben, die sich auch der Nachhaltigkeit und Menschlichkeit verschrieben haben«. Im Wortlaut angepriesen wird: »All-Natural Meats Raised by Small Family

Farmers Committed to Sustainable & Humane Practices«. Das klingt engagiert und aufrichtig, nicht zuletzt nach der Lektüre von *Defending Beef.* Dennoch verwundert, dass das Zauberwort *organic* fehlt. Warum ist das *grassfed* Beef ihrer Angus- und Hereford-Rinder nicht biologisch zertifiziert?

Das wollte ich von Nicolette Hahn Niman wissen. Ihre Antwort im Facebook-Chat: »Im Westen der USA gibt es sehr wenige Farmer, die Rindfleisch aus 100 Prozent Weidehaltung produzieren, das gleichzeitig auch biologisch zertifiziert wird. Weil diese Gegend größtenteils trocken bis sehr trocken ist, treiben wir die Herden über weitläufige Flächen und weite Strecken, die alle – für uns als kleiner Familienbetrieb mühsam und zusätzlich belastend – zertifiziert werden müssten. Außerdem verwenden wir vorbeugend ein Wurmmittel, um Parasitenbefall auszuschließen. In unserer Gegend ist das notwendig, in der biologischen Landwirtschaft aber verboten. So praktizieren das auch die anderen kleinen Ranches und Familienbetriebe, mit denen wir kooperieren.«

1 Hamburger mit Pommes

100 g Bio-Rindfleisch

Verstanden. Was freilich nichts daran ändert, dass Bio-Fleisch noch besser wäre. Als Faustregel darfst du dir jedenfalls einbläuen, dass in den allerallermeisten Fällen Fleisch von Tieren, die nicht aus einem Biobetrieb stammen, zumindest fragwürdig ist. Sehr oft wurden die Tiere nicht artgerecht gehalten, mit bedenklichem Futter oder Futterbeigaben gemästet und medikamentös behandelt. Wie Nimans Wurmmittel kommen viel zu häufig Antibiotika zum Einsatz – nicht, was nachvollziehbar wäre, im Krankheitsfall, sondern eben vorbeugend. Ob und wie die Weideflächen gedüngt werden, weist auch die Niman-Ranch nicht aus. Nicolette Hahn Niman liefert aber eine gute Erklärung, warum zumindest im Westen der USA das allerwenigste *Grassfed*-Fleisch aus der streng kontrollierten biologischen Haltung stammt.

Auch in Europa wäre – gerade im Alpenraum – biologisch gehaltenes Weiderind der naheliegendste und nachhaltigste Fleischlieferant. Und dessen »Weidebeef«, wie es bei uns eingedeutscht oft heißt, ist durchaus auch gesund. Theres Rathmanner, Ernährungswissenschaftlerin am Wiener Forschungsinstitut für biologischen Landbau (FiBL), bläst beim Rindfleisch ebenfalls ins *Defending Beef*-Horn: »Rinder sind Lebensmittel-Alchemisten. Sie können für den Menschen wertloses Gras in wertvolles Fleisch und Milch verwandeln. Es schmeckt nicht nur hervorragend, Rindfleisch ist auch ein extrem nährstoffreiches Lebensmittel: Es liefert Eiweiß bester Qualität, jede Menge B-Vitamine und Mineralstoffe, allen voran Eisen und Zink, und – vor allem aus Weidehaltung – hochwertige Omega-3-Fettsäuren. Klar kann man das alles auch fleischlos abdecken, aber das ist nicht einmal aus Nachhaltigkeitsüberlegungen nötig – wenn man die Tiere wirklich Gras fressen lässt und ihnen nicht zwecks Leistungssteigerung Kraftfutter verabreicht. Und sich an die wichtigste Regel beim Essen hält: gut statt viel.«

100 g Rindfleisch frisch

100 g Rindfleisch tiefgekühlt

Bleibt bloß ein Problem: Da wie dort, in den USA wie in Mitteleuropa, ist es nicht immer leicht, an feinstes *Grass-fed*-Fleisch zu gelangen. Zumal wenn du den Anspruch hast, auch wirklich zu wissen, woher dein Fleisch stammt. Im durchschnittlichen Supermarktsystem stößt du da schnell an Grenzen, selbst wenn mittlerweile auf den Etiketten der Fleischtassen oft ausgewiesen wird, auf welchem Hof ein Tier zuletzt gemästet worden ist. Ein wenig Aufwand bleibt. Betriebe persönlich zu besuchen, ist allerdings auch in Ballungszentren möglich. »Wir sehen von unserer Ranch aus bis nach San Francisco«, erzählt Nicolette Hahn Niman. Auch wenn man in den USA schwer urtümlicheres Landleben finden wird: Als Urban Farming geht das, was Rancher Bill Niman und seine Frau Nicolette im Norden Kaliforniens praktizieren, zwar nicht durch. Näher an der Stadt lassen sich Rinder allerdings kaum in vertretbarer Weise halten.

»Unsere Rinder weiden zwanzig Autominuten vom Wiener Stephansdom entfernt«, erzählt Vinzenz Harbich. Auch sein Familienbetrieb wirtschaftet damit ganz in

Reichweite mündiger Fleischfresser aus der Stadt – und das sogar biologisch zertifiziert. Durchaus untypisch für das flache Wiener Umland im Nordosten, stammt »Harbich's Weidebeef« von einer kleinwüchsigen, robusten Rasse, die er aus dem gebirgigen Westen Österreichs in die Weiten des Marchfelds geholt hat: vom Tiroler Grauvieh; einer ursprünglichen Rasse, die fast schon ausgestorben war. Harbich züchtet allerdings nicht, sondern kauft immer wieder weibliche Tiere zu – ihrer hervorragenden Eigenschaften als Mutterkühe wegen.

Damit hält er auch indirekt die Zucht dieser selten gewordenen Rasse am Leben. Seine Tiroler Mutterkühe verbringen das ganze Jahr im Freien; den Sommer auf weitläufigen Futterwiesen, den Winter im Offenfrontstall. Sie säugen die Kälber im Beisein eines mächtigen italienischen Piemonteser-Bullen, der die Herde gleichermaßen beglückt wie beschützt. Mit seinen Genen steuert der Stier aber nicht nur wohlschmeckendes Fleisch bei, sondern über seine einst eingekreuzten Urahnen, die asiatischen Zebu-Rinder, auch Hitzeresistenz und somit Unempfindlichkeit gegenüber brennend heißen Sonnentagen. Damit sind die Kälber genetisch ideal für die Freilandhaltung im Wiener Umland gerüstet, wo die hitzetrockenen Sommer jenen Nordkaliforniens manchmal in nichts nachstehen.

Soll aus den Tieren schließlich ihrer Bestimmung gemäß »Harbich's Weidebeef« werden, dann schlachtet Vinzenz Harbich direkt am Hof, wo er sich nur ein paar Meter vom Freiluft-Laufstall, in dem die Rinder den Winter verbringen, moderne Schlachträumlichkeiten eingerichtet hat. Bio, regional, *grassfed*, zu 100 Prozent aus Weidehaltung und am Hof vom Bauern eigenhändig geschlachtet und zerlegt – besseres Rindfleisch wird man im Großraum Wien nicht finden. Das gilt nicht nur geschmacklich, sondern auch ethisch.

Engagierte Grünlandbetriebe, die ihre Rinder biologisch und im Freien halten, lassen sich jedenfalls fast überall auftreiben, selbst in Stadtnähe. Gelingt dir das nicht, dann gibt es immer noch die Möglichkeit, dass du dir mit Gleichgesinnten eine Kuh teilst und zum *Crowd Butcher* wirst. Das Prinzip ist einfach: Mehrere Kunden teilen sich ein Rind und bestellen und beteiligen sich online. Das Tier wird aber erst dann geschlachtet, wenn sein gesamtes Fleisch verkauft worden ist, und dann paketweise gekühlt versandt. Bewährt in den USA, Belgien und den Niederlanden, wird Crowdbutchering unter dem sehr bundesdeutschen Namen »Kauf ne Kuh« gerade vom Holländer Yvo van Rijen nach Deutschland importiert. Allein in den Niederlanden verkaufte und schlachtete er vom nur 1000 Einwohner zählenden Dörfchen Baambrugge aus im Jahr 2015 beinahe 1000 Rinder. In Deutschland soll seine Ende 2015 im süddeutschen Aub mit einer Geschäftspartnerin gegründete Crowdbutching.com GmbH künftig Woche für Woche mindestens zehn Tiere küchenfertig zerteilt versenden.

Gewissermaßen als Viehmarkt fungiert dabei die Plattform *kaufnekuh.de*. Über sie wird das in Bayern und Baden-Württemberg bei kleinen, familiengeführten Bauernhöfen gekaufte Simmentaler Fleckvieh vermarktet und in der Metzgerei von Max Holwegler in Donaueschingen geschlachtet. »Mit viel Respekt vor dem Tier und mit Liebe zum Fach«, wie es auf Nachfrage heißt.

Beim Erhalt alter Rassen helfen van Rijens Kuhkäufer allerdings nicht. Auch wenn der Name geografisch beschränkt klingt: Das Simmentaler Fleckvieh gehört zu den weltweit am weitesten verbreiteten Rindern. Auch aus Biobetrieben stammen die geteilt verkauften Tiere nicht: »Das liegt daran, dass die Kühe kein offiziell zertifiziertes Biofutter bekommen. Sie fressen eine natürliche Mischung aus Gras und Kräutern von den eigenen Wiesen und Äckern. Das Gras wird ohne Kunstdünger gedüngt. Dabei gibt es nichts Natürlicheres als Gras von einer ungespritzten Wiese. Zugefüttert wird mit eigenem Weizen, Rübenschnitzeln und

Biertreber. Antibiotika werden nur verabreicht, wenn Tiere krank sind, also nicht präventiv.«

Ob dir diese Rechtfertigung genügt, musst du selbst entscheiden. Mir eher nicht. Denn schließlich ist Biofutter ein ganz wesentlicher Teil biologischer Tierhaltung. Und wie intensiv konventioneller Weizen und Rüben angebaut und gedüngt werden oder welche Brauereiabfallprodukte verfüttert werden – dafür gibt es eine große Bandbreite. Zumal der Verweis auf »kleine Familienbetriebe« keinerlei Garantien für die Art des Wirtschaftens gibt. Verhielt es sich in den Anfangsjahren der Bio-Bewegung noch genau umgekehrt, so sind mittlerweile Biobetriebe vielfach größer und moderner als jene von konventionell wirtschaftenden Bauern. Wie auch immer – die Begründung aus Süddeutschland erinnert jedenfalls durchaus an jene aus dem Norden Kaliforniens.

Das vorbildlichste und wohl auch ambitionierteste Crowdbutchering-Projekt hingegen kommt ganz ohne Kompromisse aus – und aus der Schweiz. Seit ein paar Jahren schon vermarkten Moritz Maier und Xavier Thoné, ein von Fleisch beseelter Schweizer Ingenieur und ein aus Belgien stammender Chefkoch, via *kuhteilen.ch* feinstes Rindfleisch. Erst im Herbst 2015 haben die beiden ihre Kuhteilen Beef GmbH mit Sitz in Bern gegründet. Schon davor haben sie bewusst und strikt auf Bio Suisse gesetzt, eines der weltweit strengsten Bio-Gütesiegel. Die von ihnen als Bio-Weide-Beef vermarkteten Rinder werden in Mutterkuhhaltung von einem Berner Bauern großgezogen, der ein jedes davon auch selbst zum Schlachthof begleitet.

Geschlachtet wird auch hier erst, wenn alle Teile eines Tiers vergeben sind. Binnen vier Wochen nach Bestellung – das Fleisch reift mindestens 26 Tage – wird in 4- und 8-Kilo-Paketen ausgeliefert. »Bei jedem Rind geben wir die Ohrmarkennummer an, sodass die Herkunft, Abstammung und Verarbeitung nachvollzogen werden kann«, erklärt Moritz Maier. 100 Prozent gibt es bei *kuhteilen.ch* nicht nur punkto

Transparenz, sondern – beinahe – auch in der Verwertung. Die Haut der Tiere wird zu Leder verarbeitet. Da die Kunden zwar durchwegs vom Fleisch begeistert, aber weniger bereit sind, selbst auch Innereien und Knochen zu verkochen, beliefern Maier und Thoné Restaurants in der Region mit Leber, Magen und Ochsenschwanz.

»Wir promoten nicht Online-Fleischhandel, sondern ein Konzept der Nachhaltigkeit«, meint Maier. Aller Regionalität zum Trotz: Geschmacklich geben die beiden Gourmets klar Charolais und Limousin den Vorzug, zwei mittlerweile weltweit flächendeckend verbreiteten französischen Fleischrassen. »Es gibt viele gute Rassen«, meint Maier, »aber wir legen bei der Qualität vor allem Wert darauf, dass das Fleisch einen optimalen Fettgehalt und die richtige Fleischigkeit hat.«

Ein Rind pro Woche, mehr schaffen die beiden vorerst nicht: »Das ist ein Umfang, den wir gut bewältigen können.« Zwar werden, um die Nachfrage zu bedienen, immer wieder auch einmal Tiere von anderen Biobauern zugekauft. Endlos wachsen könne diese Art des Kuhteilens aber nicht, sagt Maier: »Mir ist es wichtig, den ganzen Prozess unter Kontrolle zu haben und alle Kunden persönlich bedienen zu können.«

Nicht nur Kuhteilen, sondern auch Nachmachen sei deshalb ausdrücklich empfohlen.

Tipps

Nicolette Hahn Niman: *Defending Beef. The Case For Sustainable Meat Production* (Chelsea Green Publishing) liefert – vorerst nur im amerikanischen Original – eine rundum schlüssige Verteidigung des maßvollen Genusses von Rindfleisch. Als *@DefendingBeef* widmet sich die Vegetarierin (!) und ehemalige Umweltanwältin auch auf Twitter ihrem Thema.

Tanja Busse: *Die Wegwerfkuh* (Blessing Verlag) macht im Untertitel bereits alles klar: *Wie unsere Landwirtschaft Tiere verheizt, Bauern ruiniert, Ressourcen verschwendet und was wir dagegen tun können.* Unter anderem empfiehlt Busse einen Bauernhof für jede Schule: »Die Schüler hätten den Hof als außerschulischen Lernort, für Versuche zur Photosynthese auf dem Gemüsefeld ebenso wie zur Voluminaberechnung in der Mathematik im Kornspeicher. Sie könnten Ethik und Tierrechte vor dem Kuhstall besprechen und Hauswirtschaftslehre in der Küche.«

Günter Jaritz: *Seltene Nutztiere der Alpen. 7000 Jahre geprägte Kulturlandschaft* (Verlag Anton Pustet) zeigt die beeindruckende Bandbreite an alten Nutztierrassen, welche die Besiedelung des Alpenraums hervorgebracht (und überhaupt erst ermöglicht) hat. Tuxer und Pinzgauer Rind, Pustertaler Sprinzen und Rätisches Grauvieh, Taranteser Rind, Blondvieh und das fleischige Murbodner Rind lernst du hier ebenso kennen wie allerlei alte Schaf-, Schweine-, Geflügel-, Kaninchen- und sogar Hunderassen. Ein informatives Schmuckstück am Coffeetable für alle, die wirklich zurück zum Ursprung wollen.

Zu Recht von der Europäischen Union gefördert, weil besser noch als Heumilch: die Bio-Wiesenmilch-Initiative der Bio Austria (der Vereinigung aller österreichischen Biobauern). In ihrer Konsequenz mit der Schweizer Initiative *Feed no Food* vergleichbar, welche Gras und Heu statt Kraftfutter in der Tierhaltung fordert, ist Bio-Wiesenmilch die ökologisch hochwertigste und damit vertretbarste Milch. Bio-Wiesenmilch erhält die Biodiversität und Kulturlandschaft auch in landwirtschaftlich benachteiligten Landstrichen und Regionen.

www.biowiesenmilch.at

Miete ein Huhn

Ich wollt', ich hätt' ein Huhn! Oder doch nicht? Wenn du dir nicht ganz sicher bist, mach den Tierversuch und hol dir das Hühnergegacker erst einmal auf Zeit in den Hinterhof, den Garten oder auf deinen Balkon. Das ist lehrreich – und einfacher wirst du kaum an frische Frühstückseier kommen.

Es mag nach einer Mode klingen, wenn sich neuerdings junge Städter und öfter noch mittelalte Menschen mit Familienhintergrund ein Stück Landleben nach Hause holen und Hühner halten – auf dem Balkon, im Garten oder im Hinterhof. Wirklich revolutionär ist die Idee der Hühnerhaltung im Stadtgebiet freilich nicht. Neu ist nur, dass sich manch Nachbar heute vom Hahnengeschrei gestört fühlt und derlei deshalb rechtlich unterbinden kann. Als weiland jeder selbst seine Hühner durchfütterte – »Einesteils der Eier wegen, welche diese Vögel legen; Zweitens: weil man dann und wann einen Braten essen kann«, wie Wilhelm Busch in seiner »Bubengeschichte« *Max und Moritz* reimt –, wäre derlei nicht nur undenkbar, sondern ein unsinniges »Luxusproblem« gewesen. Wenn Hühner gegenwärtig ihr Comeback in den Vorstadtbezirken und Innenstadthinterhöfen feiern, haben sie deshalb, anders als die drei Hendldamen der Witwe Bolte, meist ohne Hahn auszukommen. Schade für sie.

Den Genuss von Omelett und Eierspeise mindert die Abwesenheit eines Hahns allerdings nicht. Denn Eier legen Hühner ihrer Natur gemäß auch ganz ohne Gockel. Und auch wenn manch Naturbursch übermütig meint, erst ein befruchtetes Ei wäre die kulinarische Krönung am Frühstückstisch – ich bezweifle, dass sich diese Behauptung in einer Blindverkostung bewahrheiten ließe. Mit großer Wahrscheinlichkeit hast du selbst ohnehin noch nie ein befruchtetes Ei gegessen. Denn das, was uns in Super-, Bio- und auf Bauernmärkten in Sechser- oder Zehnerkartons angeboten wird, stammt fast immer aus Legehuhnbeständen, die ganz ohne Beisein eines Hahns gehalten werden. Alles andere wäre unökonomisch. Gehalten werden Legehühner selbst in Biobetrieben oft zu Tausenden. Und rein an der Legeleistung gemessen ist so ein Gockel nichts als ein unnützer Mitesser.

Dabei kann Hühnergegacker im Hinterhof weit mehr bedeuten als des geplagten Großstädters Überdruss vom durchdigitalisierten Alltag. Die Selbstversorgung mit Eiern und – ganz ohne Romantik! – Geflügelfleisch kann ein praktikabler Ausweg aus der Intensivtierhaltung sein. Zigtausende Hühner im Stall, kaum Federn, wenig Licht, kiloweise Antibiotika – wirklich gut findet das schließlich niemand, der nicht verdrängt. Bist du aber nicht überzeugt, ob du dir das wirklich antun möchtest und ob du dazu bereit bist, dich tagtäglich um eine Handvoll Tiere zu kümmern, dann miete einfach ein Huhn! Richtig gelesen: Miete ein Huhn!

1 Ei konventionell

Angeboten werden Miethühner bislang zwar nur von wenigen Vorreitern, etwa in Seligenstadt bei Frankfurt – unter dem Namen »Rent a Huhn«. Doch der regen Nachfrage wegen dürfte sich das bald ändern. Es braucht nicht viel: 25 Quadratmeter freie Fläche reichen aus, also ein kleines Eck im Garten, ein Hinterhof oder eine geräumigere Terrasse, dann kannst du dir fünf Hühner holen. Beziehungsweise bringt Bauer Michael Lüft aus Seligenstadt die Damen am besten persönlich vorbei – samt automatischer Tränke, Futter, Stall und Gatter. Im Preis natürlich inbegriffen: die Eier, die täglich abzunehmen sind. Für zwei Wochen kostet das 118 Euro, länger entsprechend mehr.

250 seiner insgesamt 600 Rotländer Hühner, einer Hybridzüchtung, sind »Reisehühner«, wie Bauer Lüft sie nennt. Gegen Geld schickt er sie wochenweise zu Privatpersonen, in Schulen und Kindergärten und in Altenheime. Die skurrile Geschäftsidee hatte der gelernte Schornsteinfeger

bald, nachdem er 2012 den vom Vater geerbten Bauernhof übernommen hatte und gerade selbst erst dabei war, auf Hühner umzusatteln.

»Bei mir am Hof war ein Großvater mit seinem Enkelkind zu Besuch«, erinnert sich der Bauer. Als er feststellte, wie wenig Ahnung das Kind von Landwirtschaft und Lebensmitteln hatte – »Der Bub war ganz überrascht, dass die Eier ›aus dem Popo kommen‹!« –, meinte Bauer Lüft im Spaß: »Ich bring dir meine Hühner mal für ein paar Tage vorbei, dann siehst du, wie das funktioniert!« Der Bub war begeistert und erzählte zu Hause dem Vater von der Idee. »Als mich der am Abend anrief und ich meinte, dass ich das eigentlich nur so im Spaß dahingesagt hätte, bestand der Vater darauf. Er hielt das für eine gute Idee.«

1 Ei aus biologischer Landwirtschaft

Dem Beharren dieses einen Vaters verdankt die Welt die Idee von »Rent a Huhn« – und Bauer Lüft ein zweites Standbein neben dem Eierverkauf. Mit viel Idealismus, Versuch und Irrtum konzipierte er nicht nur das perfekte mobile Hühnerhaus. 40 davon sollen 2016 möglichst im Dauereinsatz und vermietet sein; gebaut hat er sie alle eigenhändig. Er entwickelte auch eine Methode, die Hühner auf die intensiven Streicheleinheiten vorzubereiten, die sie in Schulen und Kindergärten über sich ergehen lassen müssen. Wie genau er das macht? Bleibt Betriebsgeheimnis. Schon oft seien andere Hühnerbauern am Hof gewesen, die kaum glauben könnten, wie sanft und gutmütig die Tiere sind. »Ich verrate nur so viel«, sagt Lüft stolz: »Es braucht viel Zeit, bis die Hühner so handzahm sind.« Wobei sich auch nicht jedes einzelne Tier zum Vermieten eignet. Manch Hühnerwesen ist zu eigensinnig, manchem geht die nötige Sanftmut ab.

Welches Tier auf Reisen geht, entscheiden die Hühner aber ohnehin selbst. »Wenn ich mit der Transportkiste in den Stall gehe, öffne ich nur das Türchen, und die besonders Neugierigen kommen von selbst und gehen hinein. Kein Huhn wird gezwungen.« Wenn sie nach ein paar

Wochen zurück auf den Hof kommen, lassen sie sich problemlos wieder in die Herde integrieren. Nach spätestens zwei Jahren lässt die Legeleistung nach, dann werden die Tiere geschlachtet. Auch darauf bereitet er die Kinder vor. Den Alten im Heim ist das ohnehin bewusst, meint Bauer Lüft und beginnt zu schwärmen: »Viele erinnern sich an früher, da hatten ja viele selbst Hühner. Wenn sie zu erzählen beginnen und man sieht das Strahlen in ihren Gesichtern, da geht mir selber das Herz auf! Das ist mit Geld überhaupt nicht aufzuwiegen.«

Überhaupt, das Geld. Anfangs war einiges an Lehrgeld zu bezahlen. So war »Rent a Huhn« anfangs, mit den ersten vier, fünf mobilen Ställen, eher kein Zuverdienst, sondern ein »Draufleggeschäft«. 118 Euro für fünf Hühner und zwei Wochen, damit wird man nicht reich. »Aber ich bin Idealist«, bekennt Lüft, »mir ist wichtig, dass Kinder wissen, woher ihr Frühstücksei kommt. Und jetzt, mit vielen Hühnerhäuschen, da bleibt schon mal ein Euro übrig. Es ist wie überall: Die Masse macht's!«

Deshalb ist Michael Lüft gerade viel auf Landwirtschaftsmessen unterwegs und sucht nach Partnern. Ja, genau, nach Franchisenehmern! Geht es nach Bauer Lüft, dann sollen Miethühner bald auch in Hamburg, München, Hannover und am besten überhaupt überall zu haben sein. Dann stellt er nicht nur Hennen, sondern gegen Geld auch seinen reichen Erfahrungsschatz und den Namen »Rent a Huhn« zur Verfügung.

Und selbst wenn sie auf eigene Faust Ställe zimmern und Hühner herborgen: Miethühner sollte eigentlich jeder Bauer, zumindest jeder Biobauer, anbieten – allein schon der Bewusstseinsbildung der Kundschaft und künftiger Käufer halber. Denn nur wer über Kreisläufe, natürliche Zusammenhänge und auch darüber Bescheid weiß, dass das Ei »aus dem Popo« kommt, wird als mündiger Konsument auch bewusste Kaufentscheidungen treffen können. Dass sich das auszahlt und Kinder, aber auch Erwachsene auf den Geschmack kommen, belegt das Beispiel der Johann-Hinrich-Wichern-Schule in Frankfurt. Vom »Rundum-Lerneffekt« durch die Miethühner animiert, haben sich die Lehrer dazu entschlossen, dauerhaft Hühner an die Schule zu holen.

Dass sich von Hühnern lernen lässt – Geschäftstüchtigkeit und der handfeste Umgang mit Geld nämlich –, kommentiert in einer begeisterten Glosse auch die *NZZ.at*-Autorin Elisalex Henckel. Seit ihr 14-jähriger Neffe im Alter von zehn ein paar Zwerghühner geschenkt bekam und zu züchten begann, habe er nicht nur das eine oder andere Tier an Milben und den Habicht verloren, sondern auch Verantwortungsgefühl und Gespür gewonnen – für seine Zwerghühner wie fürs Geld, denn er verkauft Eier (das Stück für 50 Cent) wie Küken (für zwei Euro das Tier). So habe der Neffe mit 14 abzüglich laufender Kosten zuletzt 700 Euro im Jahr verdient. »Vor Kurzem stand er mit ein paar Altersgenossen vor einem jener Automaten, die Plastikkugeln für zwei Euro verkaufen«, berichtet Elisalex Henckel. »Der Neffe staunte. ›Zwei Euro? Das sind vier Eier!‹, sagte er – und ließ seinen Freunden den Vortritt.«

Vier, fünf Eier die Woche schaffen manchmal sogar alte Hühnerrassen. Dafür brauchst du keine Hybridtiere. Anders als Bauer Lüft, bei dem als Eiervermarkter wichtig ist, dass die Legeleistung der Tiere konstant passt, kannst du es dir als Eier-Selbstversorger locker leisten, auch weniger produktive Rassen zu halten. Solltest du dir sicher sein, dass du bereit für Hühner und eigene Frühstückseier bist, dann denk darüber nach, dir solche Besonderheiten zu besorgen. Alte, bedrohte Nutztierrassen wie die zutraulichen Deutschen Sperber, Thüringer Barthühner oder das Altsteirer Huhn sind nicht nur wunderschön, sondern gehören auch der genetischen Vielfalt wegen erhalten.

Egal ob Hybrid- oder Rassehuhn: Im Sinne der artgerechten Haltung der Tiere darfst du dich jedenfalls vom plakativen Namen »Rent a Huhn« nicht täuschen lassen, ihn gar wörtlich nehmen. *Ein* Huhn allein ist nämlich immer zu wenig. Hühner brauchen Gesellschaft und sind – zumindest – zu zweit zu halten. Das hat auch die Designerin Yamuna Valenta für ihr »Urban Chicken Project« berücksichtigt: Das Abschlussprojekt der Industriedesign-Studentin an der Wiener Universität für angewandte Kunst ist ein aus Eternitplatten, Aluminium und Holz gestalteter Hühnerstall, der perfekt für die Bedürfnisse städtischer Hühnerhaltung mit beschränktem Platz maßgeschneidert ist. Mit seinen Dimensionen – 170 × 110 × 60 Zentimeter – böte er auch den drei Hühnern der Witwe Bolte Platz. Die Industriedesignerin selbst hält auf dem Balkon ihrer Gemeindewohnung zwei Hühner. Die beiden liefern ihr nicht nur Eier, sondern helfen auch – als bessere Biomülltonne, die Gemüse, Obst und Kochabfälle verschlingt –, Müll zu vermeiden. Im Garten kannst du an deine Hühner außerdem noch lästige Nacktschnecken verfüttern.

Wie gesagt: Wirklich revolutionär ist die Idee der Hühnerhaltung weder auf dem Lande noch in der Stadt. Schließlich begleiten uns domestizierte Hühner seit nunmehr 8000 Jahren. Wer möchte da ernsthaft von einer Mode sprechen?

Tipps

Der Seligenstädter Bauer Michael Lüft vermietet unter dem Namen »Rent a Huhn« nicht nur wochenweise Hühner, sondern sucht auch Bauern, die seine Geschäftsidee als Franchisenehmer mit- und weitertragen.

www.hühnerhof-lüft.de

Lukas Wenzl, der in Graz Nachhaltiges Lebensmittelmanagement studiert, betreibt »Die Miethennen«, bei denen man zu einem monatlichen Fixpreis ein All-inclusive-Paket mit Hennen, Stall, Zaun und Futter erhält, um im eigenen Garten Hühner halten zu können.

www.facebook.com/Miethennen

Brauchbare FAQs die urbane und suburbane Hühnerhaltung betreffend:

urbanchickens.org

Hühner im Hinterhof – ein Sammelsurium an Wissenswertem:

www.backyardchickens.com

Urban Chicken Project – Yamuna Valentas Diplomprojekt an der Wiener Universität für angewandte Kunst, eine Urban Chicken Farm, ist ein Hühnerhaus für den Balkon: festes Eternit, Holz und Alu – zwei Stockwerke, ein windgeschützter Aufgang und erhöhte Sitzstangen, auf denen die Tiere ihrer Natur gemäß schlafen können.

www.yamunalovesyou.com

Pflanz Feigen (aber nur jungfräuliche!)

Wann wird's mal wieder richtig Winter? Nun, finde dich damit ab: Winter, wie sie früher einmal waren, kalt und schneereich, die gehören wohl der Vergangenheit an. Dank milder, frostarmer Winter gedeiht bei uns mittlerweile allerdings wohlschmeckendes Obst. Gib dich zum Trost der süßen Sünde hin, pflanz Feige und Granatapfel, ernte Banane und Kaki!

Vorerst zeigt sich der Klimawandel in unseren Breiten ja vergleichsweise gemäßigt. Mit heißen, trockenen Sommern und kurzen, eher milden Wintern beschert er uns sogar einige Vorzüge: Feigen etwa gedeihen mittlerweile in weiten Teilen Deutschlands und Österreichs prächtig, sogar in wintermilden Landstrichen Dänemarks und Südenglands. Das hat sich zwar noch nicht richtig herumgesprochen; und die meisten Feigen, die gedörrt oder seltener auch frisch im Supermarkt angeboten werden, stammen aus der Türkei oder aus Griechenland, jedenfalls aus dem Süden. Doch einige winterharte Sorten fühlen sich auch bei uns wohl, können sogar im Freiland gezogen werden und schenken als weitgehend anspruchslose Pflanzen reiche Ernte. Ein Feigenbaum im Garten oder am Balkon, das ist eine rechte Freude. Allein schon der Duft, den so ein Baum verbreitet, bringt Glückseligkeit, versetzt einen in Urlaubsstimmung.

Wenn dich die traditionell vor Weihnachten aufgetischten Dörrfeigen geschmacklich nicht beeindrucken – auch mir können sie gerne gestohlen bleiben, ich bevorzuge getrocknet ganz klar Datteln –, lass dich nicht täuschen! Eine picksüße, direkt vom Baum gepflückte, saftige Feige ist das pralle Leben. Sie schmeckt sündhaft gut. Nicht zufällig ist *Ficus carica* der Inbegriff von weiblicher Erotik, Lust und Sinnlichkeit. Die Feige steht sinnbildlich für das weibliche Geschlecht. Andeutungen in diese Richtung verstehen wir alle. Nichts nahm die aus dem Paradies vertriebene Eva mit als ein Feigenblatt, um ihre Blöße zu bedecken. Und später, im fünften Buch Mose, nennt die Bibel die Feige als eine der Früchte des gelobten Landes.

Ihre verschwenderische Süße wissen wir gewissermaßen seit Menschengedenken zu schätzen. Erst vor ein paar Jahren konnten Forscher der Universitäten Harvard und Bar-Ilan anhand von karbonisierten Speiseresten im israelischen Ramat Gan nachweisen, dass Siedler des unteren Jordantals bereits vor 11 400 Jahren Feigen kultivierten. Somit dürfte die Feige die älteste Kulturpflanze überhaupt sein, denn im Nahen Osten wurde sie damit bereits etwa tausend Jahre vor Gerste, Weizen und Hülsenfrüchten gezielt verbreitet und genutzt. Mit Gewissheit sagen lässt sich das deshalb, weil bereits der prähistorische Fruchtfund über eine genetische Eigenheit verfügt, die auch heute manche Feigensorten aufweisen: Eine Mutation verhindert, dass sich die Pflanze selbst vermehrt. Einzig von Menschenhand wird sie so seit der Jungsteinzeit vervielfacht – damals nicht anders als heute: nämlich vegetativ und künstlich über Stecklinge oder Steckhölzer.

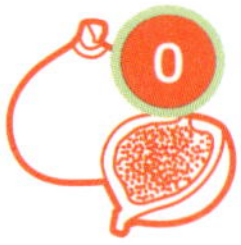

1 kg Feigen unbewässert aus dem eigenen Garten

Die Früchte dieser Sträucher bleiben jungfräulich (Botaniker sprechen von einer *parthenokarpen* Pflanze). Auch ganz ohne Bestäubung durch Wind oder Insekten reifen sie am Ast, ohne abzufallen, und schmecken wunderbar süß, bilden allerdings keine Samen aus. Hätten die Siedler der Jungsteinzeit sie nicht von Steckholz zu Steckholz, von Steckling zu Steckling vermehrt, und hätten es ihnen ihre Nachfahren nicht ebenso gleichgetan, dann wäre diese Mutation von selbst wieder verschwunden und nach 50, 60 Jahren mit dem Absterben der Bäume einfach ausgestorben.

Der Aufwand, deinen Garten, Wintergarten oder den eigenen Balkon zum gelobten Land zu machen, ist jedenfalls überschaubar. »Wichtig ist es, entsprechende Sorten auszusuchen, die möglichst winterfest sind«, empfiehlt

Andreas Spornberger, Assistenzprofessor an der Wiener Universität für Bodenkultur (BOKU) und auf biologischen Obstbau spezialisiert. Auch rät Spornberger, den Standort für Strauch oder Baum kleinklimatisch bedacht auszuwählen: möglichst ein heißer Platz im Garten, günstig ist auch windgeschützt. Dafür darf der Standort ruhig trocken sein, Hauptsache »ein Ort, wo die Sonne im Sommer ordentlich hinknallt«. Je mehr Sonne, desto süßer die Früchte. Karger Boden wiederum erweist sich bei allen Sorten als besser als zu viele Nährstoffe.

Generell empfiehlt der Botaniker, Feigen bei Temperaturen unter minus 20 Grad Celsius einzupacken. In den allerersten drei Jahren ist ein künstlicher »Wintermantel« – etwa ein mit Laub gefülltes Holzgestell rundum oder ein Naturvlies-Wickel samt Kompostmulch – ohnehin überlebensnotwendig. In kälteren Gegenden können die Feigen auch ganzjährig im Topf bleiben, wandern allerdings für die paar kalten Frostmonate in einen Keller oder kühlen Wintergarten. Vor ein paar Jahren hat Andreas Spornberger auch privat einen Feigenbaum ausgepflanzt – nachdem dieser davor zwei Jahre lang als Topfpflanze gepflegt und im Winter ins Frostfreie in Sicherheit gebracht worden war. Noch aus dem Topf hat der Botaniker Feigen aus eigenem Anbau gegessen. »Ab dem vierten, fünften Jahr gibt es in der Regel eine gute Ernte«, verspricht er.

1 kg Feigen sonnengetrocknet, unbewässert, bio, Luftfracht aus der Türkei

Egal ob du deine Feige eher strauchförmig und damit ihrer Natur gemäß wachsen lassen möchtest oder ob du sie doch künstlich zum Baum hochtrimmst: Die Pflanze ziehst du am besten entweder selbst als Steckling oder du kaufst sie im Fachhandel. Bessere Baumschulen haben die Exoten bereits eingebürgert und im Sortiment. Wobei Spornberger bekrittelt, dass das Maulbeergewächs »oft zu absurden Apothekerpreisen angeboten« wird – »eben weil die Vermehrung sehr einfach ist«. Weißt du von Feigen in der Nachbarschaft, die sich klimatisch in der Gegend bewährt haben und deren Früchte dir auch schmecken, dann spricht nichts dagegen, dass du wie unsere Vorfahren in der Jungsteinzeit selbst Hand anlegst und die Pflanze vegetativ weiterverbreitest. Konkrete Anleitungen dazu gibt es in mehreren YouTube-Tutorials.

Mit dem allerbesten Gewissen genießt du jungfräuliche Feigen übrigens auch deshalb, weil sich die Pflanzen eben nicht selbst vermehren. Selbst rund um Plantagen bestünde keinerlei Gefahr, dass sie sich als Neophyt und Eindringling breitmachen und zur Gefahr für die ortsansässige Fauna und Flora werden.

Lust auf Exoten auf eigenem Grund und Boden verschafft dir mit Sicherheit ein Besuch auf dem *Feigenhof*, einer höchst eigentümlichen Bio-Gärtnerei in Wien-Simmering. Dort werden zwar auch Kräuter und Gemüse angebaut, die Einzigartigkeit des deklarierten Freizeitbetriebs macht allerdings seine Spezialisierung auf südländische Früchte und insgesamt die Leidenschaft seiner beiden Betreiber für tropische Nutzpflanzen aus. Dabei ist der Feigenhof von Ursula Kujal und Harald Thiesz eine Oase in einer rundum hässlichen Gegend, die sonst von Gewächshäusern und intensiver Landwirtschaft, von meterhoch gestapelten Gemüsekisten und Gemeindebauten geprägt ist.

Schon wer in den unscheinbaren Weg einbiegt, der wirklich »Am Himmelreich« heißt, welches wiederum schlecht mit öffentlichen Verkehrsmitteln erreichbar ist, der ahnt, dass er sich einem besonderen Ort nähert. Und das liegt weniger am postromantischen Blick auf das heruntergekommene Schloss Neugebäude, ein Renaissanceschloss im Kasernenantlitz, das einst als Tiergarten, später als Pulverlager und im Zweiten Weltkrieg der Panzerfabrikation diente und das heute als eher beliebig bespielte Event-Location herhalten muss. Und wahrscheinlich liegt die Besonderheit des Feigenhofs auch nicht daran, dass sich die gelernte Gartenarchitektin Kujal speziell darum bemüht hat, entlang von geomantischen Leitlinien einen »modernen Kraftort« auszurichten und dabei, wenn sie davon erzählt, von einem »höheren Auftrag« spricht. Auch wer nichts mit Esoterik anfangen kann oder möchte, der spürt, dass diese Frau ein ganz bodenständiges Gefühl für durchdachte Gartengestaltung hat.

Bereits beim Aussteigen aus dem Auto betört dich der Duft der Feigen. Durch einen offenen Garten trittst du ein in ein kleines Paradies auf Erden, wo die beiden auf einem hektargroßen Pachtgrundstück der Gemeinde Wien – »es reicht von dort, von den Zypressen, bis dort drüben zum Windschutzgürtel« – ihre Leidenschaft für Gartenkultur ausleben. Kurz nach der Jahrtausendwende begannen Ursula Kujal und Harald Thiesz hier, alte Glashäuser, die nicht mehr beheizt werden können, gewissermaßen zu Indoorplantagen upzucyceln. Darin wachsen Wasabi, Kiwi und Olivenbaum, hier findest du Curryblatt, Kardamom und Zuckerrohr, verkauft werden Feigenkaktus, Ingwer und Zitronengras, außerdem Myrte, Gojibeeren und Aloe vera. Draußen im Freiland, wo die Laufenten zwischen Blumentöpfen wuseln und den Nacktschnecken den Garaus machen, gedeihen auch die sogenannte »Indianerbanane« Papau (eine nordamerikanische Baumfrucht), außerdem eine winterharte Sorte des Granatapfels und – ebenfalls ganzjährig im Freien – die Kaki.

Die Herrscherin über den Hof ist allerdings ganz unmissverständlich die Feige. Über 50 Sorten wachsen unter der kundigen Obhut von Harald Thiesz. Keine Frage zur Frucht, die er nicht beantworten könnte. Zur Begrüßung hält er eine kurze Einführung in ihre Biologie, die schwer ohne die eine oder andere botanische Abschweifung auskommt. Die allermeisten Feigensorten wachsen wie das sprichwörtliche Unkraut. Sie kommen mit wenig Wasser aus, brauchen im Frühjahr eine frische Ladung Kompost und werden in Mitteleuropa nur von einem Schädling, der

Feigenblattmotte, befallen, die sich allerdings im Raupenstadium abklauben und ausgewachsen gut biologisch bekämpfen lässt. Wirklich gefährlich wird den Pflanzen nur eine hyperaktive Wühlmaus.

Botanisch ist die Feige jedoch in vielerlei Hinsicht eine Besonderheit. Das beginnt damit, dass sie zwar bis zu dreimal jährlich blüht und Früchte trägt (in unseren Breiten meist nur zweimal), dass diese Blüte aber nicht als solche in Erscheinung tritt. Geblüht wird innerhalb der Feigenfrucht, »wie eine zugeklappte Sonnenblume«, vergleicht Thiesz. Man könnte auch sagen: Die Feige blüht »calzone«. In südlichen Gefilden werden manche Sorten von der Feigenblattwespe befruchtet, mit der sie evolutionär eine enge Symbiose eingegangen ist. Bei uns fehlt das Tier. Reife Früchte bilden bei uns deshalb nur die jungfräulichen – wir erinnern uns: die *parthenokarpen* – Sorten aus. Geerntet wird von Juli bis Ende Oktober. »Ab Mitte August sind das dann bereits die Früchte der zweiten Blüte, die Herbstfeigen, die Haupternte«, so Feigengärtner Thiesz. Kurz nach der Haupternte setzen die Pflanzen bereits die Triebe für die ersten Früchte des Folgejahres an. Fällt der Winter doch einmal recht hart aus, dann frieren diese – und es gibt eine Saison lang keine Sommerfeigen.

Wird es wirklich einmal bitterkalt oder du vergisst, deine jungen Feigen einzuwickeln, dann friert zwar das Holz ab. Aus dem unterirdischen Wurzelstock treibt im Frühjahr aber rasch wieder neues Grün. Deshalb rät Harald Thiesz, die Pflanzen im Freiland bewusst tiefer zu setzen, als sie im Topf gekauft werden. »Es ist kein langlebiges Holz«, weiß Harald Thiesz, »dafür regeneriert es super!« Bis zu 50 Jahre liefern die Bäume locker gute Ernte. Vereinzelt gibt es aber auch Bäume mit über 300 Jahren, die immer noch gut Früchte tragen.

Am Feigenhof ist man natürlich sogar für die immer seltener werdende Ausnahme eines harten Winters gerüstet: Mittlerweile wuchert auch in einigen der alten Glashäuser nahezu undurchdringliches Feigendickicht. Das sichert selbst in schwierigen Freilandjahren eine halbwegs stabile Feigenausbeute. Was wichtig ist, schließlich werden hier nicht nur frische Feigen und Pflänzchen vermarktet: Das Gärtnerpaar verkauft das schnell verderbliche und frisch nicht lagerbare Obst ab Hof auch als Marmelade, Senf oder Chutney, als süßen Likör oder als hochprozentigen Feigengeist.

Ihre großen, charakteristischen und dekorativen Blätter tragen die Bäume in den Simmeringer Gewächshäusern bis in den Spätherbst hinein. Auf der Plantage draußen kleben dann zwar noch letzte schal und deutlich weniger süß schmeckende Feigen an den Ästen. Laub tragen die Pflanzen im Freien aber längst keines mehr. Wie Gerippe ragen sie nach dem ersten Frost gespenstisch aus dem Nebel. Hast du einmal beobachtet, wie ein stattlicher Feigenbaum vom satten Grün langsam in glühendes Gelb übergeht, dann verzichtest du aber gern auf die dritte Ernte, die dir weiter im Süden klimatisch vielleicht gegönnt wäre.

Beeindruckender ist da nur noch – auch davon kannst du dich im Spätherbst am Wiener Bio-Feigenhof überzeugen –, wenn um Halloween herum der Kakibaum sein letztes Grün loswird. Erst blattlos wird dir dann richtig bewusst, wie unverschämt ertragreich dieser in manchen Sorten ebenfalls winterharte Baum eigentlich ist. Fast schon obszön leuchten die faustgroßen, grellorangen Kakis in die Gegend.

Exotische Früchte saisonal, biologisch und regional direkt vom Baum zu essen, das ist Dolce Vita pur. Einen größeren Luxus als Feige, Kaki und Granatapfel im Garten oder auf dem Balkon, den gibt es kaum. Ein Wodka-Feige auf das pralle Leben!

Tipps

Jeden Freitag und Samstag werden am Bio-Feigenhof in Wien-Simmering Besucher empfangen. Eine Voranmeldung wird empfohlen, da in der großen Küche auch Kochkurse stattfinden. Saisonal verkauft werden Jungpflanzen, Kräuter, Obst und Gemüse. Ganzjährig gibt es verarbeitete Feigendelikatessen und Feigentopfpflanzen unterschiedlichster Sorten:

www.feigenhof.at

Feigensorten, die auch in unseren Breiten gut wachsen, sind:
Madeleine des deux saisons
Brown Turkey
Longue d'Aout
Doreé
Brunswick
Sultane
Pastiliere
Ronde de Bordeaux
Dalmatie
Gersthofer

Werde Guerilla-Grafter

Mit einem Messer und wenig Aufwand lassen sich Waldrand und Windschutzgürtel in eine Open-Source-Obsthecke verwandeln und das Wildholz am Uni-Campus oder das Gestrüpp im Schulhof zum Obstbaum upgraden. Werde Baumpate und ernte edles Obst!

Du brauchst einen Komplizen: »Grafting erledigt man am besten mit vier Händen, besonders wenn du ohne Erlaubnis ans Werk gehst«, heißt es in *Guerrilla Grafting, a How-to Guide*. Denn: »Ihr werdet zu zweit effizienter sein und eher offiziell wirken, besonders wenn ihr dabei nicht wie besoffene Amateure ausseht.« So schätzt man die Sache in San Francisco ein, einst Hochburg der Hippiebewegung und Ursprungsort so mancher Gegenkultur. Besser als ein verstohlener Komplize ist nur eine Genehmigung. Und die solltest du dir besorgen. Dann brauchst du nichts Offizielles vorgeben, dann bist du offiziell. Im Idealfall holst du damit sogar deine Gemeinde oder die Stadtverwaltung als Gleichgesinnte an deine Seite. Womit gleich viel weniger schiefgehen kann beim Guerilla-Grafting. Genau genommen haben wir es dann zwar nicht mehr mit einer Guerilla-Aktion zu tun. An der Sache freilich ändert das gar nichts.

Um Missverständnissen vorzubeugen: Wir reden hier nicht vom Crafting, also nicht vom Handwerk oder gar den Hervorbringungen handwerklichen Geschicks. Nein, wir reden vom Grafting – mit Gustav, nicht Cäsar. Ins Deutsche übersetzt bedeutet *to graft* nichts anderes als *veredeln, pfropfen* oder *transplantieren*. Ein wenig Fingerfertigkeit werden du und deine Mitstreiter brauchen, wenn ihr euch am Wegesrand, auf Brachflächen oder barfuß im Park ans Veredeln macht, um Wildhölzern obenauf fruchttragende

Edelreiser (also kurze Zweige einer Edelsorte) zu verpassen. Genau darum geht es beim Grafting: Aus zwei mach eins! Zwei Pflanzenteile ergeben gemeinsam einen Obstbaum. Dabei stellt eine mehr oder weniger wild gewachsene Pflanze die sogenannte Unterlage für ein aufveredeltes Edelreis dar. Mit dem Edelreis transplantierst du gewissermaßen die gewünschten Eigenschaften einer bestimmten Sorte auf einen Wildling.

Das klingt sehr unromantisch, ich weiß. Aber genau das macht letztlich Kultur aus. Und als Königsdisziplin ließen sich da – ganz ohne Gentechnik aus dem Labor – gleich mehrere Apfelsorten oder sogar unterschiedliche Arten auf ein und denselben Baum pflanzen. Anfänger befassen sich allerdings besser mit den Basics. »Wildobst hat optisch und ökologisch zweifellos seinen Reiz«, meint der auf Permakultur und Obstbau spezialisierte Agrarexperte Richard Mahringer. »Aber was den Aufwand bei der Ernte betrifft, etwa die Fruchtgröße oder die Anzahl der Früchte pro Baum, und auch was die Mengen und die Möglichkeiten der Verarbeitung angeht, etwa Kernlöslichkeit oder das Fruchtfleisch pro Frucht, da haben unsere Vorfahren uns durch ihre Selektion schon vieles erleichtert.«

Was kompliziert klingt, beschreibt eigentlich nur die Vorzüge von Sorten und Kulturpflanzen: Dieses Erbgut steht uns gratis – »quasi Open Source« (Mahringer) – zur Verfügung. Generationen vor uns wurde es mit dem klaren Ziel besserer Nutzbarkeit ausgewählt. Beispielsweise wurden so Sorten hervorgebracht, deren Früchte besonders gut und bis weit in den Winter hinein gelagert werden können; Sorten, die besonders viel Saft abwerfen oder sich ideal für Dörrobst eignen. Alles Eigenschaften, die nur ungeschlechtlich (vegetativ) weitergegeben werden können und nicht über Samen oder Kerne. Während die ungeschlechtliche Form der Vermehrung bei einigen Pflanzen (Feigen etwa) gut über Stecklinge funktioniert, sind wir bei Obstbäumen auf die vorhin geschilderte Veredelung angewiesen – genau: Grafting wie Gustav. Jedes Apfel-, Kirsch-, Marillen- oder Aprikosenbäumchen, das du beim Gärtner, im Gartencenter oder auf der Tauschbörse für alte Sorten kaufst, besteht deshalb aus zwei Teilen. Wenn du genau schaust oder ein wenig suchst, wirst du am Stamm auch die Stelle erkennen können, wo das Edelreis auf die Unterlage gepfropft wurde.

Die Idee hinter Guerilla-Grafting sieht nun zweierlei vor. Erstens: auf wild aufgegangene Pflanzen, die kaum oder nur kümmerliche Früchte abwerfen, Sorten zu pfropfen, die daraus einen ertragreichen Obstbaum machen. Zweitens, und darin besteht die besondere Kunst: dasselbe auch auf Waldbäumen zu tun, bei denen das gar nicht so selten ebenfalls funktioniert. Weitverbreitete Wildpflanzen wie Weißdorn, Vogelkirsche, Eberesche, auch Mehlbeere und Schlehe lassen sich zum Obstbaum umfunktionieren. So wird ein Weißdorn beispielsweise problemlos zur Quitte oder zur Unterlage für eine Birne. Wohnst du am Waldrand oder radelst du regelmäßig die Windschutzgürtel entlang, dann könntest du diese mit wenig Aufwand, einem scharfen Okuliermesser, einer Baumschere und Naturbast als Verbandsmaterial in eine öffentlich zugängliche Obsthecke verwandeln. Brauchbare Anleitungen zum Veredeln unterschiedlicher Arten findest du beispielsweise auf *www.veredeln.info*. Zudem gibt es zahlreiche Videoanleitungen auf YouTube.

Auch einschlägige Praxiskurse werden immer wieder angeboten, meistens musst du gezielt danach suchen. Nicht so im direkt an der Donau gelegenen oberösterreichischen Ottensheim. Anfang 2014 startete die fortschrittliche 4500-Seelen-Gemeinde unter ihrer damaligen Bürgermeisterin Ulrike Böker das Projekt »Kostbare Landschaften«. Der deklariert ganzheitlich-nachhaltige Anspruch: damit Raumplanung, Ortsentwicklung und die Grundbedürfnisse nach guter Nahrung, Kreativität und gesunder Umwelt zu vereinen und dabei auch noch die lokale Ernährungssouveränität zu stärken. Gemeinsam mit der Bevölkerung entstanden auf Brachen und Überschwemmungsflächen des Ortsgebiets öffentlich zugängliche Nachbarschafts- und Naschgärten, aber auch Naturerlebnisräume zur Selbsternte. Neben einem gemeinschaftlichen »Baumschnitt auf der Streuobstwiese« organisiert der Architekt und Stadtentwickler Christoph Wiesmayr auch Fortbildungskurse; 2015 wurde erstmals und mit großem Interesse Grafting für Anfänger angeboten: »Aus alten Beständen haben wir zuerst Edelreiser geschnitten und diese dann auf neue Unterlagen veredelt.« 200 »neue« Bäume entstanden in einer Saison. Wilde Kirschen wurden so zur Edelkirsche, Weißdorn zur Birne, und die Wildzwetschke gleich neben dem Pfarrhaus soll in Zukunft die wichtigste Zutat für Zwetschkenknödel liefern.

Jeder Seminarteilnehmer durfte außerdem selbst zwei, drei veredelte Bäumchen mit nach Hause nehmen. Denn die Weiterverbreitung der Idee, von Know-how und der für die Gegend typischen alten Sorten ist durchaus ebenfalls Sinn der Sache. Gemeinsam hat man in Ottensheim auch einen »Vermehrungsgarten« angelegt – als eine Art Genpool für regionale Obstkulturen, die sich in der Gegend bewährt haben, die im Gartencenter aber eher nicht zum Kauf angeboten werden. Dass das Konzept hinter »Kostbare Landschaften« aufgeht, davon ist Wiesmayr überzeugt: »Ich war früher oft rudern. Wenn ich heute zur Regattastrecke hinunter zum Fluss gehe und das Gebüsch am Wegesrand sind jetzt veredelte Obstbäume, dann erschließt einem das eine ganz neue Ebene.« Der vom Leben an der Donau geprägte Linzer bezeichnet sich selbst übrigens als »Rurbanist«, als Vermittler zwischen Stadt, Land und Fluss.

In großen Städten wurden die Obstbäume in den vergangenen Jahrzehnten vielerorts bewusst gerodet. Aus einem ganz banalen Grund und gespeist aus der Überflussgesellschaft: Weil das Obst oft nicht abgeerntet wurde, zog es manchmal nur Mäuse und Ratten an oder blieb faul auf Geh-

und Bürgersteigen liegen und wurde dort als Unfallgefahr betrachtet. Stattdessen wurde rein dekoratives Buschwerk und Gehölz gesetzt, deren Samen oder Früchte möglichst wenig »Mist« machen, das im Frühling aber schön blüht.

Viele europäische Städte handhabten das nicht anders als San Francisco. Als dort vor ein paar Jahren einige Bürger mit ihrem Wunsch, in ihrer Wohnumgebung Obstbäume auszusetzen, bei der Stadtverwaltung abblitzten – obwohl sie sich klar bereit erklärt hatten, für die Bäume zu sorgen –, wurden sie kurzerhand als Guerilla-Grafter aktiv. Beim deklarierten Unterfangen, die Stadt Baum für Baum zum »Food Forest« aufzuforsten, erlegten sie sich allerdings eine Art Ehrenkodex auf: Ein Baum wird nur dann veredelt, wenn es für ihn einen »committed caretaker« gibt, das heißt: jemanden, der sich als Baumpate darum kümmert, dass dieser abgeerntet und nötigenfalls gegossen wird; der darauf achtet, dass auch unreif heruntergefallene Früchte nicht verfaulen und Getier anlocken.

Im deutschsprachigen Raum ist das Ideal der Urbanisten und einschlägiger Aktivisten weniger der »Food Forest«, sondern eher die »essbare Stadt«. In der Praxis umfasst dieser lose Terminus die Tomatenstaude am Balkon ebenso wie Gemeinschaftsäcker, Hühner im Hinterhof, gemeinschaftliche Wildkräuterwanderungen oder Guerilla-Grafting.

In München bemüht sich das für alle Parks und öffentlichen Grünanlagen zuständige Gartenbaureferat um Zusammenarbeit mit Interessierten. Guerilla-Grafting gebe es in und auf diesen Flächen nicht, meint Sprecher Wolfgang Friedl: »Das ist sicher auch darin begründet, dass es dort bereits Streuobstwiesen und Obstbäume gibt.« Diese werden teilweise im Rahmen von Patenschaften durch Vereine oder die Kommune betreut. »Patenschaften von einzelnen Personen für Obstbäume würden allerdings den Betreuungs- und Verwaltungsaufwand vervielfachen – das könnte der städtische Gartenbau personell nicht zusätzlich leisten.«

Obst ernten oder aufsammeln dürfe im öffentlichen Raum ohnehin jeder. Außerdem würden – »wo möglich, konzeptionell gewünscht sowie standortgerecht« – auch in neuen Anlagen Obstbäume und -sträucher gepflanzt. Darüber hinaus hegt man durchaus Vorbehalte gegen die Guerilla-Obstgärtnerei: »Unsere städtischen Fachleute haben gegen diese Vorgehensweise erhebliche fachliche Bedenken, unabhängig von einer rechtlichen Würdigung. Kritisch wird die Arten- und Sortenauswahl gesehen, die Laien oftmals nicht zutreffend beurteilen können. Der Ursprungsbaum wird unter Umständen dauerhaft geschädigt, zumal durch den Veredelungsvorgang Krankheiten übertragen werden können«, heißt es aus dem Gartenbaureferat. »Auch die anschließende aufwendige Pflege von Obstbäumen wird oftmals nicht bedacht, ebenso wie der richtige Standort. Wer möchte zum Beispiel Äpfel oder Kirschen essen, die entlang viel befahrener Straßen wachsen? Da betreffende Wildgehölze meist in Hecken und an Gehölzrändern stehen, was ebenfalls nicht standortgerecht für Obstbäume ist, ergeben sich durch den Konkurrenzdruck zudem keine optimalen Bedingungen für Kultursorten«, so Wolfgang Friedl. Letzteres ist allerdings Ansichtssache: Die Denkschule der Permakultur wiederum propagiert genau solche Standorte und das Prinzip Waldgarten – eben den »Food Forest«.

Kirsche unbewässert aus dem eigenen Garten

Faktum ist, dass viel Wissen um die Veredelung von Wildgehölzen – früher gang und gäbe – verloren gegangen ist, weil diese Praxis in einer Welt des Intensivobstbaus zwangsläufig ins Abseits gedrängt wurde. Zeitgenössische Literatur dazu gibt es (noch) keine. Die Grafting-Aktivisten der Gegenwart holen sich ihr Wissen aus historischen Schriften der Botanik aus dem frühen 19. Jahrhundert, es kursieren Reprints alter Werke.

In Wien sind zwar einem alten Gassenhauer Rainhard Fendrichs zufolge die blühenden Bäume besonders beliebt. Zumindest Obstbäume wird man in den Innenbezirken heute dennoch vergeblich suchen. Was weniger an der Verbauung liegt als daran, dass das Stadtgartenamt damit schlechte Erfahrungen gemacht hat. »Die Bäume standen dort unter enormem Druck – im wahrsten Sinne des Wortes. Zur Ernte wurden regelmäßig Äste abgebrochen, die Bäume haben nicht lang überlebt«, berichtet Nikolai Moser aus dem Büro der Wiener Umweltstadträtin. Weshalb man Obstbäume und Pflückhecken von offizieller Seite nun wie Nachbarschaftsgärten behandelt – mit dem Vorteil, dass so ein Verein die Verantwortung für die Gehölze trägt. Auf dem Weg zur Zwei-Millionen-Stadt geht die am schnellsten wachsende Stadt im deutschen Sprachraum auch in den großen Stadterweiterungsgebieten nach diesem Prinzip vor. Auf den ausgedehnten Flächen am äußeren Rand des urbanen Gebiets – etwa auf den Steinhofgründen – pflanzte das Forstamt aber auch ohne solche Patenschaften Obstbäume. Moser: »Dort ist der Druck geringer, daher funktioniert das ganz gut.«

Birne
unbewässert
von der Wiese

Fälle von Guerilla-Grafting sind in Wien bislang zwar keine dokumentiert. Wie man im Fall des Falles damit umgehen soll, weiß Eva Hofer-Unger von den Wiener Stadtgärten allerdings: »Eine Veredelung bedeutet immer auch eine Verletzung der Pflanze. Wenn diese gärtnerisch einwandfrei durchgeführt wird und keine direkte Beeinträchtigung, Belästigung oder Rutschgefahr durch liegen gelassenes faules Obst besteht, dann würden wir das aber durchaus dulden.« Diese Herangehensweise des Laisser-faire hat sich für Hofer-Unger, in deren Referat neben dem »Gartentelefon« auch die Förderung von Nachbarschaftsgärten fällt, bewährt: »Solange sich nachweislich jemand darum kümmert, ist das alles kein Problem«.

In Hamburg wiederum hat sich gezeigt, dass an den Bäumen sogar Geld hängt. Das klingt nach Schlaraffenland – was wohl eine gewollte Assoziation und im Sinne des Gründers von »Das Geld hängt an den Bäumen« ist. Man merkt: Der Unternehmer Jan Schierhorn ist ein gewiefter Vermarkter. 2009 rief der engagierte Werbeprofi die Hanseaten erstmals zu Apfelspenden auf. Ihm war aufgefallen, dass nicht nur bei ihm im Garten ein Gutteil der Äpfel, zu Boden gefallen, verfaulte, sondern dass auch Freunden und Bekannten mitunter Muße und Motivation fehlten, das reife Obst aufzuklauben. Jammerschade! Privat seit Längerem darum bemüht, sinnvolle Arbeitsplätze für schwer vermittelbare Kräfte zu finden, zählte Schierhorn eins und eins zusammen und entwickelte kurzerhand eine Geschäftsidee.

In der Erntezeit schickt er seither Pflücker – derzeit zehn Menschen mit geistiger Behinderung – zu den Baumbesitzern, auf Streuobstwiesen im Umland und in die Plantagen von Umstellerbetrieben. Die gespendeten Äpfel werden zu Saft gepresst und dieser schließlich gemeinsam mit der integrativen Idee unter dem Namen »Das Geld hängt an den Bäumen« vermarktet. Das Produkt, das strikt nach Slow-Food-Kriterien entsteht, entscheidet immer wieder Verkostungen für sich, das kompakte Saftmobil ist auf Märkten, Messen und Firmenfeiern präsent, und auch die Stadt ist sichtlich stolz auf das Social Business. Gibt es offizielle Termine, dann darf Schierhorns süßer Saft aus »Nachbars Garten« – so der Markenname – nicht fehlen.

Mittlerweile wird ein gar nicht geringer Teil der Äpfel auf den kommunalen Streuobstwiesen, die von der lokalen Behörde für Umwelt und Energie gepflanzt wurden, abgeschüttelt. Auch an der Hotelbar des Sofitel beweist die dort ausgeschenkte Apfelschorle, dass das außergewöhnliche Motto keine leere Versprechung bleibt: Das vom Baum geholte Geld bringt dabei sogar Überschüsse, die wiederum sozialen Projekten zugutekommen. So hat man mit dem Verein »fördern und wohnen«, einer Suchtberatungsstelle, die aber aktuell auch Flüchtlinge betreut, sogar selbst alte Apfelsorten ausgesetzt und gemeinsam eine eigene Streuobstwiese angelegt. Zudem kümmert sich der Verein auch um Rhabarberfelder und ein Holunderwäldchen – denn Apfelmischsäfte werden besonders stark nachgefragt.

Neben vom Baum geschütteltem Geld wird an der Elbe zwar auch ein sogenannter »Null-Euro-Urbanismus« praktiziert: Seit 2005 bietet die Hansestadt unter diesem Namen Unternehmen wie Privatpersonen die Möglichkeit, sich als »Grünpaten« zu betätigen. Außer bepflanzten Kreisverkehren können Bürger auch sogenanntes Straßenbegleitgrün betreuen und in Form halten. Obst oder gar die gezielte Veredelung von Wildgehölzen ist dabei allerdings kein Thema. Auch Fälle von Guerilla-Grafting sind bis dato keine bekannt. »Ich muss gestehen: Ich musste den Begriff erst googeln – mir war der Terminus nicht geläufig«, meint der sonst überaus kundige Hamburger Stadtplaner Jakob F. Schmid. Wobei er nicht ausschließt, »dass es auch hier ein paar Leute gibt, die das praktizieren«.

Du siehst: Beispiele für angewandtes Grafting gibt es noch nicht allzu viele. Unter Berufung auf die »Kostbaren Landschaften« aus Ottensheim und die längst unüberschaubare Anzahl florierender Nachbarschaftsgärten solltest du argumentativ allerdings bestens ausgerüstet sein, um mit deinem Ansinnen, ganz offiziell zum Obstbaumpaten zu werden, am Stadtgartenamt vorsprechen zu können – oder in kleineren Gemeinden auch direkt beim Bürgermeister. Damit solltest du die Behörden überzeugen können, dass Guerilla-Grafting kein Teufelszeug ist.

Stößt du mit deinem Anliegen trotzdem auf Ablehnung, dann kannst du ja immer noch den Ratschlag der Genossen aus San Francisco beherzigen: Dann such dir einen Komplizen und seht zu, dass ihr nicht wie betrunkene Amateure wirkt. Womöglich braucht ihr neben etwas Geschick und Geduld halt auch ein wenig Glück.

Solltest du Wildgehölze graften wollen, dann brauchst du da draußen Bestimmungsbücher. Ein Standardwerk, das auch anfängertauglich ist, stammt von Gottfried Amann: *Bäume und Sträucher des Waldes*. Da du zum Veredeln oft in einer Jahreszeit unterwegs bist, in der die Pflanzen noch keine Blätter tragen, hast du am besten auch *Knospen und Zweige der einheimischen Baum- und Straucharten* von Jean-Denis Godet dabei; ebenfalls ein botanischer Klassiker. Beide Bücher sind im Verlag J. Neumann-Neudamm erschienen.

Nirgendwo sonst scheinen Guerilla-Grafter so aktiv zu sein wie in San Francisco, wo das Modifizieren öffentlicher Bäume jedoch wie Graffiti als Vandalismus angesehen wird.

www.guerrillagrafters.org

Brauchbare Anleitungen zum Veredeln unterschiedlicher Arten bietet diese einschlägige Website. Hier erfährst du etwa, welches Edelreis auf welche Unterlage passt.

www.veredeln.info

Bereits über 30 000 Menschen vor allem aus dem deutschen Sprachraum nutzen diese Plattform, um in der Standorte-Landkarte öffentlich Kräuter und Obst(bäume) zu teilen.

www.mundraub.org

Einzigartig in Europa ist nicht nur der seit den 1960er-Jahren als Permakultur geführte Krameterhof im Lungau (bis vor Kurzem von Ökopionier Sepp Holzer, nun von seinem Sohn Josef). Einzigartig sind auch die zweitägigen Waldgarten-Kurse und Veredelungs-Workshops, die Richard Mahringer und Michael Gunz hier abhalten – Schnittübungen mit Feedback inklusive.

www.krameterhof.at

Hack die Thujen klein

Im Paradies, da wachsen keine »Lebensbäume«. Denn das Dickicht einer Thujenhecke bedeutet Ödnis und Artenarmut. Drum: Greif zur Axt und gönn dir nach getaner Arbeit einen Schnaps!

Eine Hecke ist eine Hecke ist eine Hecke? Von wegen! Wild gewachsen oder klug kultiviert, kann eine Hecke nicht weniger sein als ein Hort der Vielfalt und Lebensraum unzähliger Arten. Für Insekten und Vögel, für Reptilien und Kleinsäuger. Denken wir nur an Bienen und Hummeln, an Nachtigall und Neuntöter, an Igel und Siebenschläfer, ans flinke Mauswiesel und an die winzige Haselmaus. All diesem Getier bietet die Hecke ein Refugium und Schutz, einen Brut- und Nistplatz, Nahrung und Deckung, einen Ort zum Ruhen und einen Rückzugsplatz zum Überwintern. Das ist im Garten oder Hinterhof nicht anders als am Spielplatz, das ist am Windschutzgürtel in der Ackerlandschaft ganz ähnlich wie in den Hundeauslaufzonen der Innenstädte: Schon ein wenig Dickicht reicht aus, ein paar Pflanzen nur, und das Leben wuchert.

Weitverbreitet gibt es dann aber auch noch die Thujenhecke. Diese ist nicht nur der Inbegriff mitteleuropäischer Spießigkeit – monoton, einfältig, gleichsam mit Lineal und Dreieck auf Linie gebracht –, sondern vor allem ein einziges Missverständnis. Solitär stehend kann eine Thuje zwar der Schmuck eines Gartens sein. Zur Mauer getrimmt allerdings stehen die sogenannten »Lebensbäume« paradoxerweise vor allem für Ödnis.

Heimische Vögel meiden die aus evolutionärer Sicht »exotische« Thuje, nur Amsel und Mönchsgrasmücke nutzen sie als Nistplatz. Auch Nahrung bietet der Baum der Tierwelt keine. Weder sind seine Früchte genießbar, noch leben in ihm Insekten. Bodenleben im Windschatten wiederum lassen Thujen gar nicht erst zu. »Durch ihr weitreichendes, flaches und intensives Wurzelwerk verhindern sie eine Unterpflanzung mit ökologisch wertvoller bodenbedeckender Vegetation. Aufgrund bestimmter Inhaltsstoffe verrottet das Schnittgut nur sehr langsam, was die Kompostierung erschwert«, erklärt die Gartenarchitektin Birgit Fischer-Radulescu in ihrem Blog *purpurgruen.at*.

Kaum etwas garantiert also weniger Biodiversität als eine monotone Thujenhecke. Dass die Thuje eigentlich ein Großbaum ist, der locker 20, 25 Meter hoch hinauswill, haben viele der Häuslbauer nicht bedacht, als sie, der einst gängigen Gartenmode folgend, zierliche Bäumchen setzten, in der Hoffnung, dahinter »blickdicht« ihre Pools und Hollywoodschaukeln zu verstecken. Heute prägen diese als immergrüne Bollwerke das Bild in vielen Siedlungen der Siebziger- und Achtzigerjahre: massenweise als meterhohe »Hecke« in Mauerform geschnitten.

Im Paradies allerdings, da wird man nach dem Lebensbaum vergeblich suchen. Man kann sich dieses wohl ein wenig so vorstellen wie das *Gartenreich Oberrieden*, eine Stauden- und Kräuter-Gärtnerei, die sich im fränkischen Altdorf bei Nürnberg auf einem alten, umfunktionierten Bauernhof dem strengen Bioland-Gütesiegel verpflichtet hat. Thujen bietet das Gärtnerehepaar Birgit und Claus Philipp seiner Kundschaft auf dem idyllischen Gelände ganz bewusst keine an. Und das, obwohl fast die Hälfte des Pflanzenbestandes Exoten ausmachen, die eigentlich nicht in Deutschland heimisch sind. Man hegt also keine prinzipiellen Vorbehalte gegenüber fremdem Gehölz, sondern hat vielmehr ein persönliches, eher ästhetisches Ressentiment gegenüber dem seltsamen Eindringling Thuje. »Wir verkaufen keine Thujen«, stellt Claus Philipp klar. Ein Verkauf wäre für den Gartenbauingenieur, der wie seine Frau Absolvent der renommierten bayerischen Forst- und Landwirtschaftsfachhochschule Weihenstephan ist, zwar nicht undenkbar; die Thuje sei aber schlicht uninteressant – und werde von anspruchsvollen Gartenliebhabern ohnehin nicht nachgefragt.

Dabei kann, so der Garten groß genug ist, eine Hecke auch ganz den Zaun ersetzen – als Dornenhecke. Vor ein paar Jahrzehnten noch, im Zeitalter vor dem Elektrozaun, war sie eine durchaus weitverbreitete, kostengünstige Alternative zu Holzzäunen oder später Stacheldraht, um die Viehherden von Getreide und Feldkulturen fern- und auf ihren Weidegebieten zu halten. Im Sinne des Miteinanders ward genauestens geregelt, dass die Hecke regelmäßig ausgebessert wurde. »Die Viehweide war durch eine Hecke aus Schlehdorn, wilden Rosen und anderen Gehölzen geschützt«, erinnert sich Michael Wagner in seinen in Buchform erschienenen *Zeitgeschichten aus der Vergangenheit eines siebenbürgischen Dorfes* an die bis weit ins 20. Jahrhundert hinein gängige Praxis. »Diese musste instand gehalten werden, damit keine Lücke entstand, durch die das Vieh die bebauten Ackerflächen hätte zerstören können. Wenn man im Frühjahr Lücken in der Hecke feststellte, musste man Dornen roden, sie mit dem Wagen herbeischaffen und die Hecke ausbessern. Tat man das nicht, wurde man bestraft.«

Mit der Realität unserer heutigen Reihenhaussiedlungen lässt sich diese Praxis freilich schwer vereinbaren – allein schon aus Platzgründen. Doch wer bedenkt, dass auch ein Zaun oder eine Ziegelmauer gar nicht wenig Spielraum abzwackt, kann zumindest überlegen, ob er für Schlehe oder Weißdorn ein paar Quadratmeter Wiese oder Rasen entbehrt und dafür im Gegenzug die Vielfalt in den Garten holt.

Wer wirklich eine grüne Wand um sein Grundstück möchte, den versucht Bio-Gärtner Claus Philipp stets von Eiben zu überzeugen: »Die lassen sich, wenn's sein soll, auch auf dreißig Zentimeter Dicke schneiden und sind wie Thujen immergrün. Auch die Giftigkeit von Eiben wird immer überschätzt, dabei sind Eibe und Thuje etwa gleich giftig. Eiben zu setzen ist allerdings teurer – ganz einfach weil sie langsamer wachsen.« Die Kerne ihrer Früchte sind zwar für den Menschen giftig; für Kinderspielplätze sind Eiben also ungeeignet. Spechte und viele Singvögel nehmen die becherförmigen roten Früchte allerdings gerne zu sich.

Gregor Dietrich ist es einerlei, ob sich Hausbewohner einfallslos hinter scheußlichen grünen Thujenmauern oder – »optisch ebenso unerträglich« – hinter verstümmeltem Liguster verbarrikadieren. Weil der Mensch allerdings ein Grundbedürfnis nach Schutz habe und die Formel »In der Mitte ein Haus, rundum der Garten« der menschlichen Natur zutiefst widerspreche, hegt Dietrich – der beim Verein *Natur im Garten* im Auftrag des Landes Niederösterreich auch Ökologie und Wildtiere achtet und beobachtet – durchaus Verständnis dafür, dass so mancher neue Pflanzenmauern hochziehe. Das sei nur natürlich.

Die einzige ökologisch sinnvolle Alternative zur Thujenhecke sieht Dietrich im Dirndlstrauch. Denn auch die oft propagierte heimische Hainbuche sei, geometrisch in Heckenform geschnitten, kein artenreicher Lebensraum. Der Dirndlstrauch hingegen, gemeinhin als Kornelkirsche und in der Schweiz auch als Tierlibaum bekannt, liefere als Obstgehölz auch gute Erträge. Seiner frühen Blüte wegen ist der Dirndlstrauch außerdem eine wichtige Nektarquelle für vielfältige Insekten und eine der saisonal allerersten Bienenweiden. Später im Gartenjahr freuen sich Vögel, aber auch Siebenschläfer und Haselmaus über die Früchte; und ein anderer Großsäuger – der Mensch – ebenso. Denn die süßsäuerlich schmeckende Dirndlfrucht lässt sich zu köstlicher Marmelade verarbeiten, aber ebenso, auch nicht schlecht, zu süffigem Schnaps veredeln.

Ob es an der hochprozentigen Ausbeute liegt, dass die Kornelkirsche beim alljährlich zelebrierten *Niederösterreichischen Heckentag* eine der beliebtesten Wildpflanzen ist, darüber lässt sich höchstens spekulieren. Seit 1993 jedenfalls widmen sich Botanik-Aktivisten und Umweltschützer vereint der Regionalen Gehölzvermehrung (RGV), also der Verbreitung und Vermehrung regionaler Wildpflanzen sowie alter, ortsansässiger Obstsorten. Überall im Land suchen sogenannte Besammler wild wachsende Gehölzbestände auf, um in aufwendiger Handarbeit Früchte und Samen zu sammeln. Strikt nach regionaler Herkunft getrennt, wird daraus keimfähiges Saatgut von über sechzig Wildpflanzen gewonnen. Quer über das Bundesland verteilt, werden daraus später in Baumschulen Pflanzen gezogen, die schließlich, groß genug geworden – und vom Land finanziell gestützt –, günstig an lokale Abnehmer verkauft werden. Eben jedes Jahr am Heckentag.

Anders als die mitunter sogar teureren Pflanzen aus dem Gartencenter werden somit Gehölze aus der »richtigen« Region verbreitet, die perfekt zu ihrem zukünftigen Pflanzplatz, zu dessen besonderen klimatischen Bedingungen und Bodeneigenschaften passen. Denn wo sich beim Obst und Gemüse unterschiedlich angepasste Sorten herausgebildet haben, gibt es auch bei Wildpflanzen große regionale Unterschiede. Nehmen wir als Beispiel den Roten Hartriegel. »Er kommt von der Atlantikküste bis zum Donaudelta vor und schaut für die meisten Menschen immer gleich aus«, heißt es auf der Heckentag-Website. »Weil sich die zentraleuropäischen Herkünfte aber besser gegen Sommertrockenheit schützen müssen und außerdem die härteren Winter zu ertragen haben, gibt es kleine Anpassungen knapp an der Wahrnehmbarkeitsgrenze. Die einzelnen Vertreter schauen vielleicht optisch noch gleich aus, sie ›ticken‹ aber anders.«

Ebenso macht es einen Unterschied, aus welcher Seehöhe oder Tieflage ein Samen stammt, ob die Mutterpflanze auf kargem Kalkboden, Silikatgeröll oder fruchtbarem Schwemmboden gewachsen ist. Die »Regionale Gehölzvermehrung« ist somit kein reaktionärer Spleen verschrobener Nostalgiker, sondern ein Gebot der Stunde, um die genetische Vielfalt zu erhalten.

Auch ihr Erfolg gibt der Heckentag-Aktion recht. Mittlerweile werden neben einzelnen Pflanzen auch ganze Themenparks angeboten: neben der Kinderhecke (mit ungiftigem, durchwegs dornenfreiem Gehölz) etwa auch ein Do-it-yourself-Heckenpaket für Naschkatzen und Kochbegeisterte. Dessen Blüten und Früchte lassen sich mit wenig Aufwand zu Marmelade, Mus, Sirup und, jawohl, mit ein wenig Hingabe auch zu Schnaps verarbeiten.

Hast du also die Wahl und entsprechend Platz im Garten oder auch am Balkon, dann hack die Thujen klein, setz auf heimische Gehölze und Artenvielfalt – und pflanze Eibe, oder besser noch: Kornelkirsche! Nichts spricht dagegen, sich auch mit den Nachbarn zusammenzutun. Oft grenzen an einen Zaun schließlich beiderseits zur Mauer gestutzte Hecken. Gemeinsam und über die Gartengrenzen hinweg gedacht, wäre da vielleicht plötzlich genügend Platz für eine frei wachsende Hecke. Dort im Dickicht fühlen sich nicht nur Igel wohl, sondern auch Glühwürmchen. Und die sind nicht nur schön anzuschauen, sondern machen wie die Igel auch Jagd auf spanische Wegschnecken, die eingeschleppte und zur Plage gewordene braune Nacktschnecke. Was wiederum den Gemüsegärtner in dir freuen dürfte.

Sogar dass der Thujenschnitt ob seiner Ölhaltigkeit nur langsam verrottet, kannst du dir zunutze machen und mit einer Thujenmulchdecke verhindern, dass Unkraut im Gemüsebeet hochkommt. Getrocknet eignet sich das Grünzeug ausgezeichnet als Grillanzünder. Ich hab' es ausprobiert: Trockene Thuje brennt wie Zunder.

Also: Eine Hacke ist eine Hacke ist eine Hacke. Und nach getaner Arbeit gönn dir einen selbst gebrannten Schnaps. Zum Wohl!

Bereits traditionell werden im Rahmen des *Heckentags* in Niederösterreich jeden Herbst aus Wildsamen vermehrte und von regionalen Baumschulen aufgezogene Heckenpflanzen kostengünstig – weil vom Land gefördert – abgegeben. Beispielhaft, dass auf regionale Genetik und damit klimatische Besonderheiten Rücksicht genommen wird. Die Aktion könnte durchaus zum Nachahmen anregen.

www.heckentag.at

Der Name *Gartenreich Oberrieden* bleibt keine leere Versprechung. Naturgartenliebhaber werden die auf Stauden, Kräuter und Blütenpflanzen spezialisierte Bio-Gärtnerei in Altdorf bei Nürnberg nur schwer mit leeren Händen verlassen. Dass ganz auf mineralischen Dünger verzichtet wird und man auf torffreies Substrat baut, versteht sich für den Vorzeige- und Bioland-Betrieb von selbst.

www.gartenreich-oberrieden.de

Als Gestalter möglichst naturnaher Spielplätze stieß der oberösterreichische Landschaftsplaner Herbert Pointl auf der Suche nach heimischen Pflanzen auch auf eine Marktlücke: Wildpflanzen. Seit 2012 vermehrt er wilde Blumen und Stauden, die nicht einfach aus der Natur entnommen werden dürfen, aber über seine Website legal zu beziehen sind.

www.wildeblumen.at

Schütte den Pool zu

Weil so ein Swimmingpool letztlich ein steriler Giftbehälter bleibt: Schütte ihn zu und vergrab die Chemiekeule! Oder du funktionierst ihn zum »Living Pool« um oder – noch besser – hebst einen »Swimming Teich« aus. Der bleibt naturnah und bereitet dir kaum Arbeit, aber das ganze Jahr über Freude.

Wir schreiben den Sommer 2015. Ganz Kalifornien schickt sich an, von Hitze und Trockenheit geplagt, ins fünfte Jahr der schlimmsten Dürre seit 1200 Jahren zu gehen. Forscher haben diese Tatsache gerade im Journal der American Geophysical Union anhand der Jahresringe von Bäumen nachgewiesen. Ganz Kalifornien? Nein! Unbeeindruckt von Strafen, die Jerry Brown, der Gouverneur des Bundesstaats, für den verschwenderischen Umgang mit Wasser verhängt hat – immerhin bis zu 10 000 Dollar –, hören die Superreichen nicht auf, ihre Latifundien, die weitläufigen Vorgärten und Einfahrtsstraßen ihrer Villen zu bewässern.

Es ist an sich nichts Ungewöhnliches, dass die *New York Post* auf Menschen herabblickt. Als das Boulevardblatt allerdings aktuelle Luftaufnahmen der Anwesen von Jennifer Lopez und Barbra Streisand, von Jennifer Aniston, Cher und Hugh Hefner veröffentlicht, kommt das diesmal – zumindest vorgeblich – nicht abschätzigem Voyeurismus von oben gleich. Während rundum Dürre herrscht, zeigen die Aufnahmen sattes Grün und kühles Hellblau. Während sich die Bewohner Kaliforniens mit verordneter Wasserrationierung herumzuschlagen haben und bestraft werden, wenn sie ihre Autos waschen; während Parks und Schulgärten verdorren, die Gegend immer mehr einer Wüste gleicht, outet die konservative *New York Post* viele Prominente als »water waster«, denen Pönalen schlicht egal zu sein scheinen; die nicht einmal daran denken, sich beim Bewässern des eigenen Rasens einzuschränken; die nicht darauf verzichten wollen, ihre Pool-Landschaften zu fluten.

Wohl unbeabsichtigt löst damit ausgerechnet das Medium des konservativen Milliardärs Rupert Murdoch eine bis ins Klassenkämpferische reichende Volksempörung aus. Erste Kurzmeldungen unter dem Hashtag *#droughshaming* hat es auf Twitter zwar bereits zuvor gegeben. Doch hat man sich bis dato darüber mokiert, dass der Nachbar einmal zu oft die Obstbäume wässert, den Hydranten anzapft oder freigiebig das Gemüse gießt, so rückt erst jetzt, von oben betrachtet, der Blick auf die Verschwendung im großen Stil, auf die unverschämte »Dürreschande« der Reichen. Vom *#droughshaming* bleiben auch Kim Kardashian, Kanye West und Sean Penn nicht verschont.

Selbst ohne Drohnenkameras und Helikopterfotos, ganz ohne *#droughtshaming,* Klassenkampf und Jahrtausenddürre: Ein kurzer virtueller Ausflug mit Google Earth reicht auch in unseren Breiten, um dir einen Eindruck davon zu verschaffen, wie viel Wasser ganz offensichtlich für Schwimmbecken draufgeht. Wohnst du nicht gerade in der Innenstadt oder weit abgelegen in der Einschicht, dann wird dir im Umkreis deines Wohnorts ein wahres Meer an Swimmingpools entgegenleuchten. Aktuelle Zahlen gibt es zwar keine, doch 2008 hatten in Deutschland laut Bundesverband Schwimmbad & Wellness 660 000 Hausbesitzer einen Swimmingpool. »An sich unterscheidet sich der Markt in Österreich und Deutschland zahlenmäßig nicht wesentlich vom Markt in der Schweiz«, meint auch Kurt Frey, Obmann von aqua suisse. Von annähernd einer Million Pools und Schwimmbecken kann im deutschsprachigen Raum also durchaus ausgegangen werden – eingerechnet all die Einwegaufblas- und -badebausätze mit weniger als einem Meter Wassertiefe, die oft beim Diskonter verramscht werden und nach ein, zwei Wintern verwittert im Müll landen.

Wie gesagt: Genaue Zahlen sind keine erfasst. Doch: Bei Standardmaßen für ein rechteckiges Becken mit 4 × 8 Metern und 1,3 Metern Tiefe beziehungsweise bei einem Durchmesser von sieben Metern und einer Tiefe von 1,2 Metern bei runden Pools kommen wir auf ein Fassungsvermögen von durchschnittlich 42 bzw. 46 m^3. Pro Pool entspricht das annähernd einem Viertel dessen, was ein Vierpersonenhaushalt in Österreich oder Deutschland aufs Jahr hochgerechnet an Wasser verbraucht. Eine einzige Pool-Füllung braucht also fast dieselbe Menge an Wasser, mit der eine Person ein ganzes Jahr lang problemlos auskommt.

Da dabei in den allermeisten Fällen zum Abtöten von Keimen, Pilzen und Bakterien, zum Abbau organischer Ablagerungen und zum Eindämmen von Algen Chlor zum Einsatz kommt, entspricht das auch eins zu eins der Menge an Abwässern. Denn »Schwimmbadwässer sind bei der Entsorgung wie Abwässer zu behandeln«, stellt etwa die Abteilung Oberflächengewässerwirtschaft der Oberösterreichischen Landesregierung unmissverständlich fest. Andernorts wird das trotz unterschiedlicher Bestimmungen nicht anders gehandhabt. »Bei privaten Bädern können alle anfallenden Abwässer über den Kanalanschluss und die öffentliche Kläranlage entsorgt werden«, verlautbart das Bayerische Landesamt für Umwelt in einem Merkblatt über das Abwasser aus Schwimm- und Heilbädern. »Down the drain«, würde man in Kalifornien sagen, also: verloren, den Abfluss runter.

Deshalb, so du einen hast: Schütte deinen Pool zu! Mach ihn dem Erdboden gleich oder funktioniere ihn leer zur Landhockeygrube um! Lass das Gemüse in einem tiefgelegten Gewächshaus wuchern und gedeihen, oder halt im Hochbeet – Möglichkeiten und Alternativen zum giftigen Chlorpool gibt es genügend.

Klar, die Sommer werden heißer, da brauchen nicht nur deine Pflanzen Wasser, sondern ein wenig Abkühlung ist da durchaus auch für einen selbst angenehm. Es spricht auch gar nichts dagegen, einen bestehenden Pool einfach in einen Natur- oder Biopool umzurüsten. Wirklich viel Aufwand bedeutet das nicht: Eine Pumpe und ein Biofilter, der das Phosphor aus dem Wasser holt und dadurch die Algen aushungert, reichen aus, um aus dem klassischen Chemo-Pool ein beständiges Frischwasserbecken zu machen. Problematisch ist das womöglich für deinen bisherigen Chlor-Dealer. Der wäre allerdings ohnehin gut beraten, sich langsam nach neuen Geschäftsfeldern umzusehen, denn in Deutschland ist bereits jeder zweite neu gebaute Pool ein solcher Naturpool. In vielen davon verrichtet ein Pool-Roboter gute Dienste und sorgt dafür, dass – nur natürlich! – der dort an den Wänden entstehende, glitschige Biofilm verschwindet.

Durch diesen behutsamen Technikeinsatz bleibt der Pool auch ohne das Umweltgift Chlor sauber, gleicht optisch klassischen Pools, geht aber sogar ohne Pflanzenbewuchs als biologischer Schwimmteich durch und passt ohne Weiteres in die Gesamtkomposition moderner Architektur. Warum so ein »Living Pool« ökologisch sinnvoller ist, beantwortet die Biotop Landschaftsgestaltung GmbH bei den häufig gestellten Fragen auf ihrer Website: »Er wird nur ein Mal befüllt. Konventionelle Pools müssen im Herbst entleert werden. Tausende Liter chloriertes Wasser werden so an die Umwelt abgegeben. Im Frühjahr muss dann der konventionelle Pool wieder mit kostbarem Trinkwasser befüllt werden.« Alle Jahre wieder.

Seit 1987 hat sich das Unternehmen Biotop auf Schwimmteiche als Ökoalternative zu Chlorpools spezialisiert und sich damit international einen Namen gemacht. Mit seinen Patenten, Partnern und Lizenznehmern in aller Welt hat Biotop vom niederösterreichischen Klosterneuburg aus mehr als 5000 Schwimmteiche geplant und umgesetzt – in ganz Europa, aber auch in Neuseeland, Australien und den Vereinigten Staaten. Dabei machen die »Living Pools« – also Bio-Pools in der Anmutung klassischer Schwimmbecken – mittlerweile 25 Prozent des jährlichen Umsatzes aus. Neben Neubauten geht es dabei laut Firmengründer Peter Petrich mittlerweile immer öfter auch ums Umrüsten vormals konventioneller Chemo-Pools.

Ökologisch am sinnvollsten sind allerdings Naturschwimmteiche, die manchmal auch unter der bescheuerten neudeutschen Wortschöpfung »Swimming Teich« vermarktet werden. Überlegst du, dir einen Pool zu graben, dann am besten solch einen. Allerdings ist der Platzbedarf dafür größer: Ein Naturschwimmteich kommt ganz ohne chemische Eingriffe aus, braucht zur Selbstreinigung allerdings genügend Wasseroberfläche, etwa 30 bis 40 Quadratmeter. Räumlich voneinander getrennt, gibt es in einem Naturschwimmteich einen Regenerationsbereich und einen Schwimmbereich als miteinander kommunizierende Gefäße. Der tiefe Schwimmbereich ist, seinem Namen entsprechend, der Teil, in dem du dich frei tummeln, wo du plantschen und dich abkühlen kannst. Der Regenerationsbereich sollte in etwa gleich groß sein, ist deutlich seichter und fungiert mit seinem Pflanzenbewuchs als natürliche Filteranlage. »Der Schwimmteich ist und bleibt immer ein künstlich angelegtes Objekt«, meint Poolbauer Peter Petrich. »Aber wir kommen der Natur sehr, sehr nahe.«

Pool

Neu angelegt, wird dein »Swimming Teich« nicht nur bepflanzt, sondern nach dem erstmaligen Füllen mit Plankton – also Wasserlebewesen wie Wasserflöhe oder Rädertierchen – »geimpft«. Durch diesen künstlichen Besatz mit Kleinstlebewesen stellt sich das ökologische Gleichgewicht schneller ein. Von Fischen wird bei Badeteichen explizit abgeraten. Frösche wiederum kommen von selbst. Sie finden im Flachwasser des Regenerationsbereichs ideale Bedingungen. Zwar kann es durch ihr Quaken im Frühsommer nächtens etwas lauter werden. Dafür garantiert ihr Nachwuchs, die Kaulquappen, neben räuberischen Wasserinsekten, dass sich Gelsen und Stechmücken nicht ausbreiten. Selbst wenn der Einsatz zusätzlicher Filteranlagen manchmal sinnvoll ist (etwa um das Wasser glasklar und ungetrübt zu halten): Chemiekeule braucht es bei Naturschwimmteichen keine; sie würde das natürliche Gleichgewicht und seine Kreisläufe nicht nur beeinträchtigen, sondern gefährden.

Was darüber hinaus dafür spricht, dass du dir statt eines handelsüblichen Plastikbeckens oder einer Betonwanne einen natürlichen »Swimming Teich« gräbst: Durch den natürlichen Bewuchs, Schilf und Pflanzen in den Uferzonen, wirst du mit ihm das ganze Jahr über Freude haben. Denn auch mit überdachten Pools lässt sich die Badesaison selbst in heißen Sommern höchstens auf ein halbes Jahr ausdehnen. Mindestens die Hälfte des Gartenjahres ist ein konventioneller Pool also vor allem eines: unnütz. Dem gegenüber stehen die Reize aller vier Jahreszeiten, denen du dich am Naturpool ausgesetzt siehst: im Frühling blühende Sumpfdotterblumen und Pfeilkraut, rauschendes Schilf und der Herbstnebel am Steg oder, später im Jahr, Frost und eingeschneite Rohrkolben.

Dem Voyeurismus zu frönen, wird dir dabei durchaus möglich sein. Ja, selbst Superreichtum ist dir am Naturteich vergönnt – zumindest was die Artenvielfalt an und im Wasser angeht: Vögel, Libellen, Frösche, Molche – all das kannst du am »Swimming Teich« entspannt beobachten. Und die Sommerhitze lässt dich mit dem Wasser bis zum Hals ohnehin kalt.

Tipp

Seit den späten 1980er-Jahren propagiert und baut das Klosterneuburger Unternehmen Biotop weltweit Naturbadeteiche und stattet Lizenznehmer mit dem Know-how zum Umrüsten konventioneller Pools in »Living Pools« aus.

www.living-pool.eu

Flute deinen Keller

Weck deinen Erfindergeist, tu dich mit Bastlern oder Mitbewohnern zusammen und flutet gemeinsam eure Keller oder Wintergärten – um darin Fische zu züchten. Konsequent weitergedacht, umfasst Urban Farming schließlich auch Urban Fishfarming.

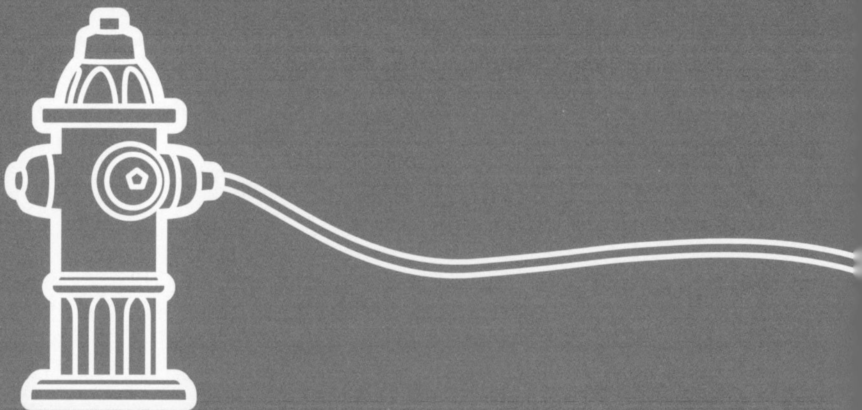

Schwimmbecken im Keller sind ja schließlich auch kein Problem – um gleich einmal Schimmel, Dunst und Feuchte als möglichen Argumenten gegen die Teichwirtschaft im Souterrain zu kontern. Hallenbäder haben sie bekanntlich auch im alten Rom schon ganz gut hinbekommen. Für Fische war in den wohltemperierten Wellnessbecken des Imperiums zwar kein Platz. Dafür ist bis heute die Technik doch deutlich fortgeschritten. Selbst bei hohem Fischbesatz muss das zirkulierende Wasser nicht gewechselt, sondern höchstens hie und da verdunstetes nachgefüllt werden. Dazwischen sorgen auf Vlies, Ton, oder Kiesgranulat wachsende Pflanzen, Wurzelwerk und oft auch eine Filterpumpe für die nötige Frische.

Du siehst: Die Technik ist weit, das Wasser warm; das Praxiswissen allerdings durchaus noch ausbaufähig. Die Aquaponic braucht deshalb Enthusiasten mit Willen zum Fortschritt, braucht ein Denken im Großen und Versuche im Kleinen. Braucht genau dich.

Aber Moment mal! Schön langsam! A-qua-was?

Aquaponic! Wir reden vom Zusammenspiel zwischen Aquakultur und Hydroponik. Ersteres bezeichnet die Aufzucht von Fischen in künstlichen Becken, Netzen oder Bottichen. Zweiteres beschreibt den Anbau von Pflanzen – vor allem von Gemüse – mit Wurzeln im Wasser, also ohne Erde. »Aquaponic ist die gemeinsame Kultivierung von Fischen und Pflanzen in einem künstlich geschaffenen Ökosystem, das auf natürlichen bakteriellen Kreisläufen basiert, welche Fischkot in Pflanzennährstoffe umwandeln. Es handelt sich dabei um eine umweltfreundliche, natürliche Methode der Lebensmittelproduktion, die sich die besten Eigenschaften der Aquakultur und der Hydroponik zunutze macht, ohne dabei Wasser abführen, filtern oder chemische Düngemittel einsetzen zu müssen«, so die Definition der amerikanischen Agrarökonomin Sylvia Bernstein in ihrem Standardwerk *Aquaponic Gardening: A Step-by-Step Guide to Raising Vegetables and Fish Together*, das erstmals 2011 aufgelegt wurde.

Seit der Wirtschaftskrise 2008 besteht offenkundig verstärktes Interesse an der Fisch-und-Gemüse-Kreiswirtschaft. Auch der Linzer Architekt, Tüftler und Stadtentwickler Christoph Wiesmayr ist auf seiner Suche nach einem Plan B in Sachen Selbstversorgung auf das ursprünglich aus Übersee stammende Prinzip gestoßen. Denn auch wenn geschlossene Aquaponic-Systeme letztlich nichts anderes darstellen als die überdimensionierte Vernetzung eines Aquariums mit einem Terrarium: Zumindest theoretisch betreiben sie viele nicht allein zur Zier oder Kontemplation, sondern um damit hochwertiges tierisches Protein – also Fisch – und Gemüse ohne künstliche Düngemittel zu gewinnen.

Allzu viel Raum und weite Flächen sind dafür nicht erforderlich. Aquaponic lässt sich autark und sogar innerstädtisch umsetzen. Zumindest in der Theorie. »Früher haben sich Städte selbst versorgt. Das schafft heute kaum mehr eine«, bedauert Architekt Wiesmayr. Wenn sich die Lebensmittelversorgung einer Stadt schon nicht aus den Verflechtungen globaler Logistikketten reißen lässt, fragen sich viele, ob und wie sich diese Ketten dann wenigstens etwas lockern ließen. Nicht nur Wiesmayr erachtet Aquaponic als eine mögliche Antwort.

In die Tat umgesetzt wurden die visionären Gedanken in Europa bislang freilich noch nicht oft. Wer danach sucht, wird derzeit ein paar Dutzend halbwegs überzeugende Realisierungen finden. Ansatzweise ausgereift sind vielleicht eine Handvoll. Was durchaus daran liegen könnte, dass wir es bei den Akteuren und Betreibern selten mit klassischen Ökos zu tun haben. Eher experimentieren hier der Umwelttechnik verfallene Unternehmer oder Angehörige einer einzelgängerisch veranlagten Trial-and-Error-Subkultur. Nicht selten werkeln schrullige Sektierer in der Garage; manche widmen sich unterirdisch oder in Wintergärten ihren geschlossenen Wasser- und Nährstoffkreisläufen. Ja, Vergleiche mit verschrobenen Modelleisenbahnbastlern drängen sich da förmlich auf.

Das Zentralorgan der Szene, die in Australien herausgegebene Zeitschrift *Backyard Aquaponics*, bezeichnet sich am Titelblatt stolz als »The No.1 Aquaponics magazine for the backyard enthusiast«. Suchst du auf Facebook oder YouTube nach erfolgreichen Praxisbeispielen oder Videoanleitungen, wirst du unter dem Begriff *Backyard Aquaponics* Gruppen und Accounts selbst in den abgelegensten Weltgegenden finden. Mit der Zuschreibung als »Hinterhof-Enthusiasten« können sich offenbar die meisten Aquaponics irgendwie anfreunden.

Jedenfalls haben wir es mit Tüftlern mit viel Liebe zum Detail, mit manchmal pedantischem Willen zur technischen Problemlösung zu tun. Genau das sind auch Eigenschaften, ohne die du es in der Aquaponic nicht weit bringen wirst. Es sei denn, du investierst richtig viel Geld in eine Profianlage. Doch wirklich erprobt sind auch diese industriellen Umsetzungen längst noch nicht. Ob sie sich irgendwann auch wirtschaftlich bewähren – wir wissen es nicht.

Erfahrungen aus Australien lassen sich allein schon klimatisch bedingt nicht eins zu eins nach Europa importieren. In der Aquakultur – also ohne Pflanzen – überzeugen ähnliche »Fischkreislaufanlagen« bislang nur bedingt. Eine Erhebung der deutschen Fischzuchtanstalt im bayerischen Starhemberg brachte ernüchternde Ergebnisse: Von zehn in

Betrieb gegangenen künstlichen Kreislaufanlagen war nach zehn Jahren nur mehr eine einzige aktiv – und auch deren Fortbestand war wirtschaftlich ungewiss. Du siehst, auch wenn viel gefördert und geforscht wird, etwa am Berliner Leibniz-Institut für Gewässerökologie und Binnenfischerei: Aquaponic steht in unseren Breiten erst am Anfang.

Worin also liegen konkret die Schwierigkeiten, was ist die besondere Herausforderung? Nun, selbst große Aquaponic-Systeme bleiben sehr anfällig. Ohne menschlichen Einfluss und technisches Zutun werden sie niemals auskommen. Die überzeugendsten Anwendungen docken deshalb konsequenterweise gleich an bestehende wirtschaftliche Einheiten an – und versuchen auch gar nicht erst, die Natur nachzuahmen.

Im schweizerischen Bad Ragaz hat der Frucht- und Gemüsegroßhändler Ecco Jäger einen großen Schritt gewagt. Bei der Sanierung seiner Kühlhäuser wurde konzeptionell im Kreislauf gedacht. Heute nutzt der Händler die Abwärme seiner Kühlräumlichkeiten zur Beheizung des Gewächshauses sowie einer integrierten Aquakultur. Aquaponic, voilà! Genau das wäre theoretisch auch bei vielen Supermärkten oder Industriebetrieben möglich. Das geschlossene Aquaponic-System spart Wasser, minimiert den CO_2-Ausstoß, verkürzt Transportwege und Kühlketten und hat in Bad Ragaz zu einer höheren Ressourceneffizienz in der Lebensmittelproduktion geführt. So handelt Ecco Jäger seit Kurzem nicht mehr nur mit Obst und Gemüse, sondern produziert und vermarktet auch selbst Salate, Kräuter und Buntbarsche. Knapp 20 000 Fische sollen in Zukunft jedes Jahr verkauft werden.

Dass dabei durchaus einiges an Aufklärungsarbeit nötig ist, zeigen die FAQs auf der Firmenwebsite. »Schmeckt das Gemüse nach Fisch?«, möchte die Kundschaft häufig wissen. Tut es natürlich nicht, denn: »Das Gemüse vom Landwirt schmeckt ja auch nicht nach Jauche oder Gülle.

Die Pflanzen ziehen sich ausschließlich die natürlich produzierten Nährstoffe aus dem Wasser.«

Umgesetzt wurde die Anlage in Bad Ragaz mit Knowhow aus Berlin, von der auf Beratung, Planung und Bau von aquaponischen Systemen spezialisierten ECF Farmsystems GmbH. Das Motto des Start-ups aus der deutschen Hauptstadt: Menschen einen Zugang zu nachhaltig erzeugten Lebensmitteln zu ermöglichen. Seit Dezember 2014 betreibt das junge Unternehmen auf dem Gelände der Malzfabrik Schöneberg mit hohem technischem Aufwand seine eigene »Flagship Farm« – samt Hofladen. 30 Tonnen Fisch und 35 Tonnen Gemüse soll Europas größte innerstädtische Aquaponic-Anlage künftig auf ihren 1800 m^2 Fläche abwerfen.

100 g Nilbarsch-Filet Import

Im Frühjahr 2015 wurden erstmals Salat und Kräuter abgegeben. Ein paar Monate später gab es neben Paprika, Gurken, Tomaten und Wassermelonen erstmals auch den sogenannten »Rosé-Barsch«, frisch aus Berliner Bottichen gefischt. Wobei der Name natürlich eine Marketingkreation darstellt. Genau genommen und biologisch korrekt handelt es sich um *Oreochromis niloticus*, einen besonders widerstandsfähigen und deshalb pflegeleichten, trotzdem aber wohlschmeckenden Buntbarsch aus dem Nil. Passt die Temperatur, dann setzt der auch als Tilapia bekannte Fisch schnell Fleisch an.

In den 13 Fischtanks im Berliner Schöneberg landet ausschließlich Bio-Fischfutter – wobei sich 1,2 Kilogramm Futtermasse fast ohne Verluste in ein Kilogramm Fleisch umwandeln lassen. Antibiotika sind tabu. Verdunstet Wasser, dann schafft das am Dach der Immobilie gesammelte Regenwasser Ausgleich. Da scheint es fast einerlei, ob das »ECF« im Firmennamen nun als Akronym für »Efficient City Farm« steht oder – es kursieren beide Varianten – doch für »Eco Friendly Farmsystems«. Stimmig wären beide Auflösungen.

Die Nachfrage nach Aquaponic-Systemen steigt jedenfalls. Gerade Tomatengärtnereien, deren Gemüsekulturen oft schon seit vielen Jahren ganz ohne Erde auf Nährstofflösungen gedeihen, entdecken die Aquaponic gegenwärtig für sich. Die hydroponischen Anlagen hochgerüstet in aquaponische Kreisläufe zu integrieren, hat auch deshalb seinen Reiz, weil das Tilapiafleisch mehr Ertrag bringt als jede noch so üppig wuchernde Tomatenstaude. Bestehende Gewächshäuser lassen sich ebenso adaptieren wie Industriebrachen. Auch unterirdische Fischfarmen oder solche auf Dächern sind denkbar.

Derzeit konzipiert der Berliner Fischfarmer Nicolas Leschke eine hochkomplexe Anlage: Neben Cherrytomaten möchte ein alteingesessener Wiener Tomatenbauer künftig auch Zander produzieren. Beim Zander handelt es sich um einen äußerst anspruchsvollen Raubfisch. Sein zartes, helles Fleisch schmeckt vorzüglich. Was ihn wohl besonders interessant macht: Für Zanderfilets greifen Feinschmecker gerne auch einmal tiefer in die Tasche. Neben ökonomischen sprechen aber auch ökologische Gründe für den Zander: Er ist eine einheimische Art, die auch in den Teichen und Schottergruben rund um Wien zu finden ist, oder in der Donau und im Donaukanal.

Die Haltung exotischer Fischarten in der Aquakultur sehen nämlich vor allem Biologen und die traditionellen Teichwirte skeptisch. In Linz hat Architekt Christoph Wiesmayr gemeinsam mit seinem Bruder Franz, einem Fischereimeister und Berufsdonaufischer, nicht zufällig mit europäischen Flussbarschen experimentiert. Eine Saison lang versuchten sie auf eigene Faust, ob sich der in der Schweiz auch unter dem Namen Egli auf den Speisekarten besserer Restaurants zu findende Fisch auch in Aquaponic-Becken bewährt. Selbst wenn es wohl weitergehende Versuche braucht: Mit den in der Aquaponic gern genutzten afrikanischen Barschen und Welsen dürfte der köstliche Europäer durchaus mithalten können.

Das könnte wohl auch besorgte Ökologen beruhigen.

Denn mit eingeschleppten Tieren und Pflanzen – wir sprechen dabei von Neozoen und Neophyten – haben heute viele Ökosysteme zu kämpfen. Oft waren auch sie anfangs nur für ein Leben in Gefangenschaft gedacht, schafften es aber in die Freiheit und konnten sich dort fortpflanzen. Als abschreckendes Beispiel wird immer wieder der mittlerweile in Europa weitverbreitete amerikanische Signalkrebs genannt. Der ist nicht nur robuster und stärker als sein autochthoner Artgenosse, der europäische Edelkrebs. Er schleppt auch einen Pilz mit sich herum, der ihm selbst zwar nichts anhaben kann, der allerdings ein Massensterben der anfälligeren Edelkrebse ausgelöst hat.

Die Befürchtung mancher Biologen: Der Tilapia-Barsch könnte irgendwie aus geschlossenen Aquaponic-Kreisläufen in die freie Wildbahn gelangen und sich dort in Flüssen und Seen ausbreiten. Im großen Stil wäre der wärmeliebende Fisch in unseren gemäßigten Zonen zwar eher nicht überlebensfähig. Doch gerade in Flüssen gibt es immer wieder wärmere Abschnitte, wo sich die aggressiven Buntbarsche, die ihren Nachwuchs als Maulbrüter gut geschützt zwischen den eigenen Zähnen umhegen, durchaus wohlfühlen könnten. »In der Donau, aber auch in anderen Flüssen gibt es ganz unterschiedliche Temperaturbereiche, weil flussabwärts nach Industriebetrieben teilweise zur Kühlung verwendetes wärmeres Grundwasser eingeleitet wird«, weiß Christoph Wiesmayr. In solchen Abschnitten, fürchtet er, könnten sich Tilapia oder andere für die Fleischproduktion importierte Exoten sogar vermehren. Und sollte die Donau durch den Klimawandel wärmer werden, dann könnten sie sich dort sogar verbreiten – von Donaueschingen bis hinunter zum Schwarzen Meer.

Ob es in Mitteleuropa überhaupt sinnvoll ist, innerstädtisch im großen Stil Aquaponic-Systeme aufzuziehen, darüber gehen die Meinungen auseinander. Zwar hat sich die Europäische Union mittlerweile auch für Binnenländer klar für den massiven Ausbau der industriellen Fischhaltung entschieden. Es gibt sogar eine gemeinsame Aquakulturstrategie 2020. Seit Langem schon setzt deshalb auch die Wirtschaftsagentur der Stadt Wien – geografisch seit Menschengedenken nie am Meer gelegen – Vorgaben des Europäischen Meeres- und Fischereifonds um und bemüht sich um die Förderung zukunftsweisender Fischerei- und Fischverarbeitungsprojekte. Wobei bislang erst drei Unternehmen um Unterstützung für kostspielige Investitionen angesucht haben. Aquaponic-Projekt war bisher allerdings keines darunter.

Es mag wie eine Detailfrage wirken. Doch wegweisend wird sein, ob Aquaponic in Zukunft auch unter dem Dach der Bio-Bewegung – also offiziell ökologisch zertifiziert – möglich ist. In Übersee kann Aquaponic unter besonderen Auflagen des United States Department of Agriculture (USDA) nämlich als *organic* zertifiziert werden. Allerdings sind die EU-Bio-Richtlinien insgesamt strenger als jene in Nordamerika. Abgesehen von strikten Einschränkungen bezüglich Futter, Medikamenten und Antibiotikaeinsatz gilt Fisch laut EU-Bio-Richtlinie auch nur dann als bio, wenn er aus natürlichen Gewässern stammt. Das schließt Aquaponic – zumindest derzeit – explizit aus. Ob das künftig so bleiben soll, darüber herrscht Uneinigkeit. »Als effiziente Nutzung brachliegender urbaner Räume und Flächen könnte diese Technik zukünftig von großem Nutzen sein«, meint man etwa bei der deutschen Stiftung Ökologie & Landbau in Bad Dürkheim. Allerdings: »Inwiefern sie mit den Prinzipien des Ökolandbaus in Einklang zu bringen ist, bleibt zu prüfen.«

Geht es nach den beiden Unternehmern Siegfried Hülsner und Gert Zechner, wäre die Sache klar. 2015 haben sie sich an einer Bauträgerausschreibung beteiligt und diese im Konsortium mit anderen Initiativen für sich entschieden. Nun sind sie dabei, auf einem Wiener Grundstück der Österreichischen Bundesbahnen (ÖBB) eine Aquaponic-Anlage zu realisieren. In einem Neubau im Sonnwendviertel, einem der großen Stadtentwicklungsgebiete, soll die aquaponische Fisch- und Gemüseproduktion ganzheitlich integriert sein. Die Gebäudeabwärme soll dabei ebenso genutzt werden wie die Atemluft der Bewohner. Insgesamt erachten der Publizist Hülsner und der IT-Security-Experte und Tierarztsohn Zechner ihr Projekt als nachhaltig. Nicht nur, weil es ihnen dabei um die dezentrale und regionale Versorgung mit Lebensmitteln geht. »Wir rechnen nicht damit, reich zu werden, und haben auch nicht das Exit-Denken so vieler Start-ups, die alles schnell verkaufen wollen«, sind sich die beiden einig. »Gesund und ökologisch vertretbar lässt sich die Fischproduktion in der Aquaponic ohnehin nicht endlos skalieren.«

Auf heimische Fischarten werden sie in ihrer Anlage trotzdem eher nicht setzen. »Einerseits wollen wir vor Ort produzieren, was sonst importiert wird«, so Gert Zechner. Was auch der Absicht entgegenkommt, nicht mit der bestehenden – ländlichen – Teichwirtschaft in Konkurrenz zu treten. Eher versteht man sich als Ergänzung am Markt, auf dem insgesamt die Nachfrage nach frischem Fisch steigt. Andererseits wäre etwa die Haltung von Aquaponic-Forellen besonders schwierig, energetisch aufwendig und deshalb kaum nachhaltig: Während es diese Fische eher kühl bevorzugen, müsste das Wasser für die empfindlichen Wurzeln des Gemüses gewärmt und innerhalb des Kreislaufs deshalb immer wieder abgekühlt und wieder erwärmt werden. Ihre Überzeugung: dann doch besser gleich Wärme liebende Exoten unter kontrollierten Bedingungen einbürgern.

Eine Verbesserung der gängigen landwirtschaftlichen Praxis sehen die beiden in der »Kulturtechnik« (Hülsner) beziehungsweise »der technischen Kultur Aquaponic« (Zechner) jedenfalls. Allein schon, weil dabei wieder in sinnvollen Kreisläufen gedacht wird. Dass in manchen geschlossenen Glashäusern derzeit selbst im Sommer gasbetriebene Heizpilze laufen, damit – weil Mensch und Tier weitgehend fehlen – durch die Verbrennung das für das Wachstum der Pflanzen erforderliche CO_2 produziert wird, erachten die beiden Entrepreneure als klaren ökologischen Irrweg.

Unumstritten ist trotzdem auch die Aquaponic nicht. Nicht nur in Tierschützerkreisen, auch aus der Bio-Szene wird immer öfter Kritik an den bereits umgesetzten Aquaponic-Anlagen und den kolportierten Plänen für anstehende Projekte laut. Denn auch wenn die brodelnden Becken, in denen es vor Fischen nur so wurlt, schnell einmal opulent wirken und an Genuss und Leben in Hülle und Fülle denken lassen: Die Besatzdichte in vielen Aquakulturanlagen und auch in der Aquaponic reicht durchaus an die großen Bestände der oft und zu Recht angeprangerten Geflügelhallen heran. Nichts gegen die Haltung zu Hunderten oder gar Tausenden. Aber gerade bei Tilapia haben wir es zumeist mit Intensivtierhaltung zu tun. Zumindest Biologen würden unter »artgerecht« wohl etwas anderes verstehen.

Auch von der Verwendung des Wörtchens »Wasserkreislauf« dürfen wir uns nicht täuschen lassen. Mit nachhaltiger Kreislaufwirtschaft haben wir es nicht automatisch zu tun, nur weil von einer Solaranlage erwärmtes Wasser in geschlossenen Systemen zirkuliert oder weil Fischkot Pflanzen düngt und danach eine Kläranlage durchläuft, damit die Tiere nicht im eigenen Dreck verenden. Eher sogar im Gegenteil: Hätten wir es mit einem echten Kreislauf zu tun, dürften nur wenige Tiere entnommen werden, und schon gar nicht dürften wir tonnenweise Futter zuführen.

Vielleicht verdeutlicht erst ein Vergleich so wirklich die Intensität des Unterfangens: Für jene 30 Tonnen Fisch, die unsere Flagship Farm in Berlin-Schöneberg jährlich auf ihren 1,8 Hektar abwerfen soll, bräuchte traditionelle Teichwirtschaft im ökologisch besten Fall – also etwa Bio-Karpfen aus dem Waldviertel oder aus Süddeutschland – 70 bis 80 Hektar Teichoberfläche. »Efficient« ist die Berliner City Farm also zweifelsfrei. Ob sie in dieser Hinsicht wirklich auch »Eco-Friendly« agiert, ist zumindest fragwürdig. Auch das Argument der Regionalität gilt natürlich nur bedingt, wenn die jungen Besatzfische, die zwar in Berlin gefüttert, geschlachtet und vermarktet werden, ursprünglich aus Holland importiert werden müssen.

Eindeutig positiv erwähnt werden muss allerdings, dass man in Schöneberg nicht nur auf Biofutter setzt, sondern auch auf die Aufzucht von »natural born males«. Konkret heißt das: Gefüttert werden vorzugsweise männliche »Rosé-Barsche« – weil diese schneller wachsen und auch größer werden. Anders als sonst mittlerweile in den industriellen Fischbrütereien üblich, entscheidet allerdings nicht der Einsatz von Hormonen oder Gentechnik über das Geschlecht der Tiere, sondern ausschließlich die Wassertemperatur. Passt die Temperatur in der entscheidenden Entwicklungsphase, so schlüpfen aus allen Fischeiern männliche Barsche. Eben »natural born males«. Sollten diese Tiere einmal irgendwie in die Spree gelangen, dann können sie sich ohne weibliche Gesellschaft wenigstens nicht fortpflanzen.

Der am Linzer Schwemmland entlang des dort dominierenden Donaustroms aufgewachsene Architekt Christoph Wiesmayr plädiert nicht nur für den europäischen Flussbarsch in der modernen Fischwirtschaft. Ihm schwebt auch insgesamt eine andere Entwicklung vor: die sinnvolle Nutzung bereits vorhandener Ressourcen – also Aquakultur in natürlichen Gewässern. »Die Wasserqualität unserer Flüsse hat sich seit den Siebzigerjahren stark verbessert. Es gäbe durchaus Stellen an der Donau, die wären für Aquakultur geeignet.« So ließe sich etwa innerhalb der Linzer Hafenanlagen an einigen Stellen Fischwirtschaft in großflächigen Netzbecken betreiben – etwa mit der heimischen Reinanke, einem Fisch, der ausschließlich mikroskopisch kleine Wasserlebewesen (Plankton) frisst. »Wenn man den Zustand anderer Flüsse in Europa betrachtet oder die Aufzuchtbedingungen in Asien, wo zum Beispiel Pangasius mit Antibiotika vollgestopft auf Reisfeldern gezüchtet wird und, zu uns exportiert, in Haubenlokalen auf den Tisch kommt, wäre es ein Fehler, die Donau nur als Schiffsverkehrsroute zu sehen«, ist sich Wiesmayr sicher.

Das große Potenzial der Aquaponic sieht er für unsere Breiten eher im Bereich der Ökopädagogik. Denn auch Kindern und Jugendlichen lässt sich schon mit ein, zwei Fischbecken, einer Pumpe, Schläuchen und ein paar Blumentrögen die Komplexität natürlicher Kreisläufe vermitteln. Fische produzieren Ammonium, welches zu Nitrat umgesetzt wird, welches wiederum Pflanzen aufnehmen müssen, um zu wachsen – und die dadurch, bis auf gelegentliche Eisenzugaben, ganz ohne zusätzlichen Dünger auskommen. Das eine bedingt das andere. So plakativ und einfach lässt sich das sonst kaum veranschaulichen. Zumal es dafür auch keine exotischen Barsche braucht, sondern es locker auch ein paar Karpfen oder Goldfische tun, um den Sinn der Sache rüberzubringen. Auch ohne Schul- oder Hinterhof kommen wir notfalls aus. Theoretisch lässt sich eine überschaubare Aquaponic-Anlage auch in der Aula oder neben der Laufbahn am schuleigenen Sportplatz aufbauen.

Genau diesen pädagogischen Ansatz propagiert auch Urs Hofstetter. Bereits 2007 hat er an der Zürcher Fachhochschule Wädenswil ein Aquaponic-Unterrichtsmodul definiert – »über den geschlossenen Kreislauf von Wasser und Nährstoffen«. Die klar formulierten Unterrichtsziele – etwa »Die Schüler erkennen, dass ein Organismus ein lebendes Ganzes darstellt und die Summe seiner Einzelteile weit übersteigt« oder »Die Schüler können Ursache-Wirkungs-Ketten zeichnerisch darstellen« – fördern und verbessern vernetztes Denken und das Denken in Prozessen.

Eben weil er in solchen Zusammenhängen denkt, möchte sich Marc Mößmer mit der Aquaponic nicht so recht anfreunden. Der Waldviertler Teichwirt setzte als Pionier einst alles daran, dass Teichwirtschaft und Fischhaltung überhaupt biologisch zertifiziert werden kann. Ihn stört an der Aquaponic nun neben der hohen technischen Abhängigkeit und den Plastikbecken das, was er den »Nullanteil Natur in sogenannten Kreislaufanlagen« nennt. Aus Mößmer sprechen eindeutig Skepsis und Distanz: »Das wirtschaftliche Potenzial schätze ich nicht wirklich groß ein. In der Stadt ist die Fläche zu teuer, darüber hinaus ist die Technik teuer, weshalb der Aufwand für ein paar Salatköpfe insgesamt eher zu groß ist. Ich glaube also nicht, dass Aquaponic jemals wirklich konkurrenzfähig sein wird.« Auch dem Bio-Teichwirt gefällt an der Aquaponic allerdings ihr pädagogisches Potenzial. »Nirgendwo sonst lässt sich das komplexe Zusammenspiel zwischen Pflanze und ihrer Umwelt so schön spielerisch nachvollziehen.«

Und genau hier solltest du ansetzen, wenn du dich mit Gleichgesinnten zusammentust; dir begeisterungsfähige Bastler und Zeitgenossen suchst, die wie du neugierig darauf sind, Dinge auszuprobieren und Zusammenhänge zu begreifen. Auch ein, zwei alte Badewannen und ein paar Blumentröge ergeben gemeinsam schon einen Aquaponic-Anfängerbausatz. In den meisten Städten stehen nicht nur Keller leer, sondern auch Geschäftslokale und Flächen im Erdgeschoß. Schon klar: Habt ihr vor, mehrere Tausend-Liter-Becken aufzustellen, solltet ihr die Sache statisch durchrechnen lassen, euch eine Genehmigung besorgen. Aber bei Gemeinschaftswohnprojekten ließe sich so etwas gleich von Anfang an mitdenken. Und gegen ein paar Badewannen und Gemüsekisten wird es wohl auch kaum Einwände geben.

Was kümmert es dich da, wenn sich daraus womöglich niemals ein Geschäftsmodell entwickeln ließe? Darum geht es schließlich auch den allerwenigsten, die sich den Sommer über mit Tomaten, Gurken oder Salat selbst versorgen. Viel interessanter, als tonnenweise Fisch zu verkaufen, wäre es ohnehin, im Selbstversuch herauszufinden, ob sich die

Tiere anstatt mit importiertem Trockenfutter nicht auch mit eigens gezüchteten Insekten zufriedengeben.

Die Königsdisziplin der Aquaponic wäre es wohl, Fischbecken und Gemüsekiesbeet auch noch mit einer *Livin Farm* kurzzuschließen. Unter diesem Namen bieten die beiden Österreicherinnen Katharina Unger und Julia Kaisinger eine rundum durchdachte Mehlwurmzuchtbox an. Kostenpunkt: um die 500 US-Dollar. Die beiden Designerinnen sind mit ihrer weltweit mit großem Interesse aufgenommenen *Livin Farm* eigentlich angetreten, um Insekten als Proteinquelle für die menschliche Ernährung zu züchten. Denn die Ernährungs- und Landwirtschaftsorganisation der Vereinten Nationen und viele andere Institutionen prophezeien zwar, dass Insekten künftig eine wichtige Rolle auf unser aller Speiseplan zukommen wird. Allerdings habe ich selbst öfter und auf die unterschiedlichsten Arten zubereitet Insekten ausprobiert, mich durchgekostet und mich dabei zwar niemals geekelt, daran aber vor allem keinerlei Geschmack gefunden. Im besten Fall waren die Würmer, Fliegenlarven oder Heuschrecken *crispy* und passable Geschmacksträger für Knoblauch, Saucen oder Gewürze. Doch mit Fleisch oder Fisch können es die Viecher geschmacklich einfach nicht aufnehmen.

Was ich allerdings weiß, weil ich es als Kind selbst ausprobiert und noch als Teenager Mehlwürmer gezüchtet habe – zum Ärger meiner Mutter in Gurkengläsern, gleich neben meinem Kaltwasseraquarium im elterlichen Wohnzimmer: Flussbarsche lieben Mehlwürmer. Und weil Flussbarsch ungleich besser schmeckt als Mehlwurm, verspricht diese Nahrungskette kulinarisch wiederum einiges.

Spannender als eine Modelleisenbahn ist so ein komplexer Wasser- und Nährstoffkreislauf auf jeden Fall. Und statt in Nostalgie zu schwelgen, lässt du dich mit derartigen Versuchen mit eigenem Leib auf eines der großen Zukunftsthemen ein. Nicht alles braucht dabei immer ein Geschäftsmodell. Manchmal reichen Genuss und Freude am Experimentieren. Und selbst im schlimmsten Fall werden deine Pflanzen- und Tierversuche noch ein paar Häuptel Salat und das eine oder andere Fischfilet abwerfen.

Bleibt am Schluss – egal ob in der Berliner Fischfarm oder in deinem eigenen Keller – die philosophische Frage, ob ein im Kreislauf mit Barschen oder anderem Getier gewachsener Salat eigentlich vegan ist. Du darfst sie natürlich für dich selbst beantworten. Streng genommen ist er es aber eher nicht.

Tipps

Erste Versuche einer Vernetzung in Österreich: Die Zoologin Lilian Fortmann vereint ambitionierte Architekten, visionäre Fischzüchter und »Hinterhof-Enthusiasten«.

www.aquaponic-austria.at

Ein spannendes Start-up: ECF Farmsystems betreibt in der Malzfabrik in Berlin-Schöneberg Europas größte aquaponische Anlage. Der einst vom Bundesforschungsministerium unter dem Projektnamen »Tomatenfisch« geförderte Fisch wird mittlerweile als »Rosé-Barsch« an Haubenköche vermarktet, kann aber – ebenso wie das vor Ort gewachsene Gemüse – auch im Hofladen der Flagship Farm gekauft werden. Gerne führen die Berliner Fishfarmer durchs Gelände, Voranmeldung ist allerdings erforderlich.

www.ecf-farmsystems.com

Kann gegen Voranmeldung ebenfalls besichtigt werden: die Aquaponic-Anlage des Gemüsegroßhändlers Ecco Jäger in Bad Ragaz in der Schweiz.

www.ecco-jaeger.ch

Eine einzige Frage – »Wie ernähren wir die Stadt nachhaltig?« – wird im Blog des Raumplaners Philipp Stierand immer wieder neu erörtert und anhand höchst unterschiedlicher Ansätze beantwortet.

www.speiseraeume.de

Die »Schwemmland«-Plattform des oberösterreichischen Architekten Christoph Wiesmayr ist ein – unkommerzieller, gemeinnütziger – Hafen für allerlei Zukunftsprojekte. Fast immer bewegt sich Wiesmayr dabei mit Gleichgesinnten im Spannungsfeld Ressourcen, Freiräume, Kultur, Landwirtschaft, Donau und Aquaponic.

www.schwemmland.net

Auf der besuchenswerten Großbaustelle von Andrew Merritt und Paul Smyth kommen in London die urbanen Spannungsfelder Kunst, Design, Architektur und Landwirtschaft zusammen. Im Hof eines viktorianischen Hauses wachsen in einem Folientunnel Obst und Gemüse, in der Auslage und im Keller läuft eine Aquaponic-Anlage, am Dach werden Hühner gehalten, in einer »Makerversity« werden neue Designs, Produkte und Geschäftsfelder erprobt.

somethingandson.com

Weltweit beachtet, mit Preisen bedacht und nun via Kickstarter von der Crowd finanziert: die Insektenzuchtboxen der beiden Österreicherinnen Katharina Unger und Julia Kaisinger. Für den Hausgebrauch kostet so eine *Livin Farm* um die 500 US-Dollar.

www.livinfarms.com

Reiß das Styropor aus der Fassade

Vor die Wahl gestellt: Bau besser aus Lehm oder Holz, dämme mit Stroh, Schilf oder Schafwolle. Lass nach Möglichkeit das Styropor weg. Anderenfalls hinterlässt du deinen Nachgeborenen keinen architektonischen Organismus, keine lebenswerte Unterkunft, sondern einen Leichnam aus Kunst- und Industriestoffen, eine Altlast und Hypothek.

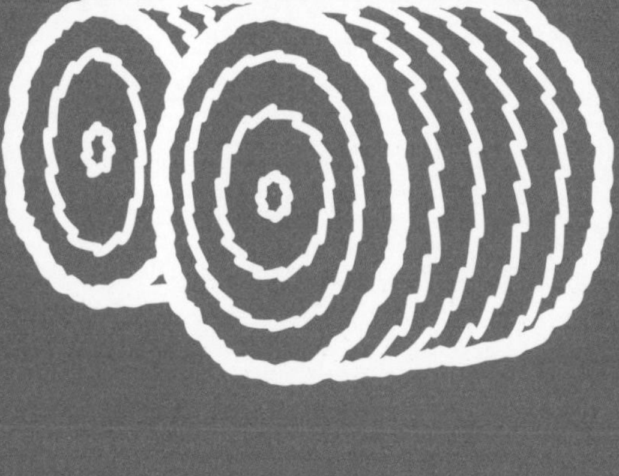

Direkt vor meiner Haustüre – Luftlinie vielleicht fünf Kilometer – wird dieser Tage intensiv über die Errichtung eines Vogelschutzgebiets nachgedacht. Die Überlegungen sind weit gediehen. Ein beispielgebendes Großprojekt soll den Lebensraum des Triels, einer taubengroßen, sandfarbenen, insgesamt eher unauffälligen Unterart des Regenpfeifers, in den Schottergruben und Baggerlöchern der Gegend – wir sprechen vom Marchfeld – erhalten. Dabei gedenkt man ein weitläufiges Areal, immerhin 112 Hektar Kiesabbau- und Deponiegelände, in naturnahe Kulturlandschaft zu verwandeln und einen 40 Meter hohen »Marchfeldkogel« aufzuschütten: Extensive Vieh- und Weidewirtschaft sind vorgesehen, ein Naherholungsgebiet für die Bewohner von Markgrafneusiedl und Parbasdorf, vielleicht sogar für Besucher aus der nahen Großstadt (Wien) oder die Gemeinden des ebenfalls nicht weit entfernten Nationalparks Donau-Auen. Auch künftige Generationen sollen hier frühmorgens das wehmütig flötende *Krüüeeeii* und *Triüüüi* des Triels hören können.

Und eigentlich wäre die Sache längst im Gange, hätten nicht Umweltaktivisten dagegen mobilgemacht und die für ein derartiges Projekt vorgeschriebene Umweltverträglichkeitsprüfung bereits mehrmals verzögert. Denn auch, wenn die Website des Großprojekts ein Naturidyll andeutet und ihr Design ebenso wie das sanfte Grün der Agenturfotos an eine Wellnessoase denken lassen: Letztlich handelt es sich beim geplanten »Marchfeldkogel« um eine Deponie für Erdaushub und Baurest-Massen. Das klingt gleich weniger idyllisch, wenn man weiß, dass die Hintermänner des beanstandeten Vogelparadieses – vier findige Schotterbarone – ihre weitgehend bereits ausgebeuteten Gruben damit über Jahrzehnte als Bauschuttdeponien weiterbetreiben könnten. Dass sie die härtesten Lobbyisten des Landes engagiert haben, um ihr Projekt ins rechte Licht rücken zu lassen. Und dass es sich beim »Marchfeldkogel« künftig nicht nur um die höchste topografische Erhöhung des rundum flachen Marchfelds handeln würde, sondern auch um die größte derartige Deponie Mitteleuropas.

Würde das Projekt all diese Hintergründe nicht auf eine fast hinterhältige, ja perfide Art und Weise verschleiern, müsste man es womöglich gut finden. Zukunftsweisend ist es – leider – jedenfalls. Und sollten sich die Umweltschützer mit ihrer Sorge ums Grundwasser, um erhöhtes Feinstaubaufkommen und ihrer Furcht vor dem Verscharren von Giftmüll nicht durchsetzen, dann werden die einstigen Schottergruben für ihre Besitzer wohl bald zu Goldgruben.

Wohin all der Bauschutt dereinst verschwinden soll, wie wir all die Einweg-Industriewerkstoffe entsorgen sollen, mit denen wir nun schon seit Jahrzehnten vorschriftsgemäß und vermeintlich fortschrittlich und umweltfreundlich unsere Häuser und Niedrigenergiebauten einpacken, verputzen und aufziehen, all das weiß derzeit nämlich noch niemand so wirklich. Hektarweise Platz für viele Meter hoch aufgetürmten Bauschutt in günstiger Großstadtnähe wird da wohl heiß begehrt sein. Gerade für Styropor – herstellerneutral sprechen wir vom Industrieprodukt Polystyrol – gibt es gegenwärtig kein überzeugendes Entsorgungskonzept. Zwar entdeckte der Umwelttechniker Wie-Min Wu an der Stanford University erst unlängst eher zufällig, dass Mehlwürmer manchmal auch Styropor fressen und verdaut in biologisch abbaubare Substanzen umwandeln können.

Doch ob sich dieser Prozess irgendwann auch im großen Stil wird einsetzen lassen, bleibt fraglich.

Der Gedanke an Reaktorbrennstäbe aus der Atomkraft drängt sich beim Polystyrol deshalb förmlich auf. Analog zu Atommüll-Endlagern werden wir in Zukunft wohl viele, viele Kubikkilometer Raum für Bauschutt benötigen. Bisher fallen zwar nur geringe Mengen an, doch mit der kurzen Nutzbarkeit zahlloser »neuer« Gebäude gibt es immer häufiger auch nicht mehr verwendbaren Bauschutt. Wahrscheinlich ist es das, was die Marchfelder Goldgräber im Hinterkopf haben, wenn sie ihren Müllkogel auf der Website als »Langzeitprojekt mit Vorbildwirkung« vorstellen. Styropor braucht Platz ist gleich Kogel.

Auch ungeachtet des Deponieproblems bezweifeln mittlerweile immer mehr Experten, ob die Dämmung mit Polystyrol wirklich so umweltfreundlich ist, wie immer wieder behauptet wurde. Seine Erzeugung verbraucht viel Energie (»kaltes Erdöl«), das verarbeitete Endprodukt ist nicht recycelbar. Zwar hat sich die herstellende Industrie insofern durchgesetzt, als lückenlose Dämmung beim Neubauen und Sanieren mittlerweile vorgeschrieben und in alle gängigen Industriestandards gegossen ist. Mit der europäischen Gebäuderichtlinie 2020 wurde EU-weit das Dämmen als de facto alternativloser Baustandard definiert. Wer sich je mit Energieausweisen beschäftigt hat, weiß: Wir leben längst in einem System aus Sanktionen und Sanierungspflichten. Wir werden zum Dämmen und Optimieren gezwungen.

Doch die Kritik an dieser Praxis wird lauter. Es mehren sich Stimmen des Widerspruchs. Das Magazin *Spiegel* titelte im Herbst 2014 gar mit einer anprangernden Story über die verordnete »Volksverdämmung« und rechnete vor, wie die Kosten der Dämmung die dadurch versprochene Energieersparnis oft weit übersteigen. Ein paar Monate später legte der renommierte Architekt, Kurator und Kunsttheoretiker Klaus-Jürgen Bauer eine Streitschrift nach. Gleichermaßen polemischer wie programmatischer Titel seiner Publikation: *Entdämmt euch!*

Darin fordert Bauer nicht weniger als einen Paradigmenwechsel der herrschenden Baukultur. Sein Vorwurf: Binnen weniger Jahrzehnte hätten wir alle im Lauf der 14 000 Jahre zurückreichenden Geschichte des menschlichen Bauens gewonnenen Erfahrungswerte verworfen – und undurchdacht und in Windeseile alles dem Dogma des luftdichten Verpackens unterworfen. Des Architekten und Kunsthistorikers Überzeugung: Dabei haben wir – weil letztlich alle Fassaden gleich und gleichförmig aussehen und Kunstgeschichte künftig kaum mehr möglich wäre – auch alle Ansprüche auf Ästhetik verraten und aufgegeben. Abgesehen von der nicht wirklich gegebenen Nachhaltigkeit wohnen die meisten von uns Klaus-Jürgen Bauer zufolge heute auch in ungesunden Häusern.

Um seinen Vorwurf zu verdeutlichen, bemüht er einen körperlich unangenehmen, bildlichen Vergleich: »Wer je mit einem Anorak aus Kunststofffasern bekleidet Schi fahren oder wandern war und am Ende des Tages verschwitzt – eigentlich triefend nass – den Anorak wieder ausgezogen hat, kann sich vorstellen, was sich unter einem vollständig mit Kunststoffen eingepackten – also in einem isolierten oder gedämmten Haus – bezüglich Feuchtigkeit abspielt.« Anders als die gängige Praxis, die Dämmmaterialien gegen Schimmel und Algen deshalb mit Bioziden zu behandeln, folgert Bauer: Runter mit dem Scheiß! Denn erst eine kontrollierte Belüftung unseres Wohnraums wird diesen wieder wirklich wohnlich machen.

Trotzdem redet es sich leichter, als sich sinnvolle Taten setzen lassen. Das gibt auch Klaus-Jürgen Bauer zu: »Ich denke, dass ein prinzipieller Paradigmenwechsel stattgefunden hat: Bauen ist eine Industrieangelegenheit geworden. Die Industrie stellt Materialien zur Verfügung, das war's. Differenziertere Vorgangsweisen sind immer schwerer möglich. Denn die Industrie hat einen Riesenvorteil in der Logistik, was industrielles Bauen billiger macht.«

Klarer Nachteil dabei: die Reparatur oder Sanierung. Die ist einerseits nie mitgedacht und zweitens durch sich ständig ändernde Standards oft gar nicht mehr möglich. Die Lebenszeit von Gebäuden wird immer kürzer. Während unsere Großeltern und Eltern oft noch in jahrhundertealten Gebäuden lebten oder aufwuchsen, erscheint heute schon ein 20 Jahre altes Haus in einer veränderten Vorschriftenwelt als »uralt«. Wir können mit diesen Bauten nichts mehr anfangen. »Ein Irrsinn,« ärgert sich Architekt Bauer, »wir können ja nicht alle 30 Jahre alles abreißen!«

Sein Credo lautet deshalb unmissverständlich: Zurück zur Reparaturkultur! Das Gebäude soll wieder als Organismus gedacht werden, der über Generationen Bestand hat. Noch heute leben Menschen auch bei uns in Gebäuden, deren früheste Bauteile aus dem 13. oder 14. Jahrhundert stammen, die durch jede zweite Generation adaptiert und architektonisch fortgeschrieben wurden. Diesbezügliche Nachhaltigkeit ist geschichtlich deshalb nichts Neues, sondern hat gewissermaßen Tradition.

Bis vor Kurzem wurde schließlich auch beim Bauen nichts weggeworfen. Wäre uns nicht aus dem Zeitalter der Romantik ein Faible für Ruinen geblieben und hätte uns diese schwärmerische Epoche nicht auch den Denkmalschutz beschert: Wir wüssten oft recht wenig über die Bauten und Behausungen der Altvorderen. Kein alter Ziegel blieb je unnütz liegen. Auch antike Bauten wurden im Mittelalter als Steinbruch genutzt, selbst heute als Kulturschätze geltende Monumente wie das Kolosseum in Rom oder das Amphitheater in Verona. Vom Römischen Imperium ist uns ein Limes erhalten geblieben, aber keine Halde mit Bauschutt.

Anstatt uns exzessiv in Styropor einzupacken und Fenster als Verschleißteile zu sehen, sollten wir uns auch insgesamt auf Materialien rückbesinnen, die reparaturfähig sind. Aber machen wir uns nichts vor: Dass sich das Bauen auf diesem Planeten insgesamt wieder hin zum Handwerk und ganz weg von der Industrie verlagern wird, daran will selbst Klaus-Jürgen Bauer nicht so recht glauben. »Eher geht es um die Frage, ob und wie die Industrie es schafft, auch reparaturfähige Module zu entwickeln.«

Bis dahin erfordere es Mut, die Dinge radikal zu überdenken, außerdem Raffinesse, um mit Bestand weiterzuleben, und auch die Ausdauer, stets zu fragen, ob etwas wirklich so sein müsse. »Es braucht eine persönliche Widerstandskultur«, so Architekt Bauer. Und: »Es gibt keine Faustregel.« Problematisch dabei bleibt auf jeder Ebene die Finanzierung: Selbst Banken, die sich halbwegs glaubhaft der Nachhaltigkeit verschrieben haben, rechnen bei der Kreditvergabe an Häuslbauer vielleicht über 25 oder 30 Jahre, aber denken sicher nie 150 Jahre voraus. Auch ich würde keinen Kreditvertrag unterschreiben, wenn ich weiß, dass er noch meine Enkel monatlich belasten wird. Die Folgen und Umweltschäden unseres kurzfristigen Denkens bürden wir ihnen allerdings Tag für Tag auf. Ein Dilemma.

Dass der Neubau in Zukunft eher die Ausnahme bleiben wird, weil wir bereits viel zu viel Fläche verbraucht haben, macht die Sache trotzdem nicht leichter. Stellen müssen wir uns der Problematik allerdings. Denn die strengen Vorschriften bei der Sanierung und Übernahme bestehender Immobilien sind mit ein Grund, warum es in Ortskernen und Altstädten unverhältnismäßig viel Leerstand gibt: nicht genützte Gebäude, leere Geschäftslokale, aber auch unbewohnte Wohnhäuser prägen das Bild vieler Ortschaften und Kleinstädte – während im Umland jeden Tag hektarweise fruchtbare Äcker und Grünland verbaut werden, weil ein Neubau auf der grünen Wiese viel unkomplizierter und günstiger scheint als das Update sogenannter Bestandsobjekte. »Dabei könnte man das wunderbar steuerlich animieren«, hätte Klaus-Jürgen Bauer sogar einen konkreten Vorschlag parat:

»Alles, was einen Altbau betrifft, wird von der Umsatzsteuer befreit. Das brächte ein Umsatzplus, und Handwerk wäre plötzlich wieder leistbar und könnte florieren.«

»Alte Mauern, neues Wohnen«, predigt auch der in Wien tätige Bauingenieur Robert Gassner. Das Wissen um den Stand der Technik, laufende Entwicklungen und eine Ahnung von althergebrachten Handwerkskünsten sind für sein Schaffen ebenso erforderlich wie Einfühlungsvermögen. Schließlich geht es als Bauherr darum, zu wissen, was möglich ist. Wobei Gassner nicht nur bemüht scheint, die Wünsche seiner Kunden weitestgehend zu erfüllen, sondern dabei auch dem architektonischen Bestand gerecht zu werden. Wenn der Weinbauernsohn, der sich schon zu Studienzeiten auf Althaussanierung festgelegt hat, davon spricht, dass derzeit das System Stadt ein »grundlegendes Update« erfahre, wird klar: Für ihn ist nicht nur jedes Gebäude ein Organismus, auch die Stadt erachtet er auf anderer Ebene als solchen.

Sichtbarstes Zeichen des gegenwärtigen Stadt-Updates sei die Sanierung alter Häuser – beziehungsweise konkret und offensichtlich: der moderne Ausbau alter Dächer. Denn: »Anstatt in die Breite zu wachsen und Grünland zu verbauen, wächst die Stadt in den Himmel.« Stadtplaner sprechen von Verdichtung. »Bei klassischen Gründerzeithäusern, von denen es in Wien noch ungefähr 35 000 gibt, lässt sich so die Wohnfläche verdoppeln«, meint Robert Gassner. Auch wenn diese Verdoppelung der Fläche wohl selten auch eine Verdoppelung der Bewohner bedeutet – schließlich bleiben kostspielige Dachausbauten für kinderreiche Familien oder Mindestlohnempfänger allerorts eher unerreichbar: Nimmt sich Gassner eines Baus an, dann naturgemäß vom Keller bis ganz oben. Sein erklärtes Ziel als Sanierer ist es, auch Freiräume zu schaffen. Ohne sie sei weder die Stadt noch ein Gebäude ein lebenswerter Ort.

Mit Beton versiegelte Flächen werden dafür aufgebrochen, vormals geschlossene Innenhöfe zugänglich gemacht –

um auch einen Nährboden für Urban Gardening und Urban Farming zu schaffen. Was noch vor ein paar Jahren als Spleen einzelner Stadtbewohner und als vorübergehender Trend betrachtet wurde, wissen mittlerweile auch die Stadtbehörden zu schätzen. Denn jede Dachbegrünung, jeder Blumentopf, jede Ritze zwischen Römersteinen verbessert nicht nur das Mikroklima, sondern lässt bei Regen auch Wasser versickern. »Angesichts der klimatischen Veränderungen und heftiger Niederschläge in den Sommermonaten eine immer wichtiger werdende Funktion.« Zu viel an Boden in der Stadt ist versiegelt, weshalb es bei Unwettern immer häufiger vorkommt, dass das Kanalsystem vor den in kurzer Zeit niedergehenden gewaltigen Regenmengen kapitulieren muss. Jede zusätzliche Grünfläche sorgt hier für vorübergehende Entlastung, weil sie Wasser bindet. Das gilt übrigens auch für den kleinsten Balkon oder Dachvorsprung: jeder Blumentopf, jede Ritze zählt.

Die Königsdisziplin beim Sanieren ist trotz allem nicht der Ausbau obenauf, sondern die Wiederbelebung zu ebener Erde. Berüchtigt gerade bei älterer Bausubstanz sind die zuallermeist feuchten Kellermauern. Diese lassen sich in hochwertige Gartenwohnungen verwandeln, wenn nicht nur das Gebäude trockengelegt, sondern gleichzeitig auch der Beton aus Licht-, Innen- und Hinterhöfen verbannt wird. »Ordentliches Know-how bei der Sanierung ist allerdings Voraussetzung«, weiß Gassner, »sonst wird die Wohnung zum Albtraum.« Wird dabei nicht gepfuscht oder am falschen Ort gespart, wäre das insgesamt der Optimalfall, denn: »Die Nachverdichtung findet nicht nur am Kopf des Gebäudes statt, sondern auch an der Wurzel.« Lassen sich dabei auch noch Nachbarobjekte oder Feuermauern berücksichtigen, steigen die Chancen, das Paradies auf Erden ebenerdig im Hinterhof zu finden.

Oft reicht auch schon eine Steckdose an der Außenwand, um »das zusätzliche Outdoor-Zimmer« am Balkon, im Hinterhof oder auf der Dachterrasse alltagstauglich zu gestalten – und als »Naturerlebnisraum« zu öffnen: »Die Jahreszeiten, Witterung, das Werden und Vergehen von Pflanzen, das Beobachten von Insekten und anderen Tieren – all das will ich beim Wohnen wieder besser oder überhaupt erst erlebbar machen«, so der Bauherr.

Gern spricht Robert Gassner selbst von einer »neuen Bauethik«, die – naturnah und am Organischen orientiert – auf einer Analyse der Lebenszyklen eines Gebäudes basiert und auf der genauen Beachtung der Besonderheiten von Bauteilen. Selbst wenn viele bis vor ein paar Jahrzehnten praktizierte Bautechniken heute kaum mehr an Hochschulen und in der Lehrlingsausbildung unterrichtet oder aktiv auf Baustellen weitergegeben werden; selbst wenn die Architektenausbildung der Gegenwart eher auf der Vermittlung von Industrienormen baut: Beim Sanieren Tausender von Wohnungen musste sich Gassner im Laufe der Jahre immer wieder mit tradiertem Bauwissen beschäftigen und es gewissermaßen am lebenden Objekt studieren. Dabei leugnet er auch gar nicht, dass ihn erst seine langjährige Praxis so richtig zum nachhaltigen Bauen gebracht hat.

Manch Entdeckung versetzt ihn dabei auch heute noch ins Staunen. Etwa: die einst vorbildliche Entsorgung von Bauresten. »Diese zog man kurzerhand als Beschüttung der Tramdecken heran. Schlacke, Staub, allfällige Reste. Das ging deshalb problemlos, weil sie ja schadstofffrei waren. Und kurioserweise ist dieser Untergrund heute noch der beste Trittschallschutz. So gesehen ließe sich die Entsorgungsfrage einfach und sinnvoll lösen. Davon sind wir bei herkömmlichen Baustoffen leider wieder kilometerweit entfernt. Heute zählen oftmals Materialien zum Standard, die uns in 20, 30 Jahren erhebliche Probleme bei ihrer Resteverwertung oder Aufbereitung bescheren könnten. So einfach wie jetzt, wo wir manchmal schöne alte Ziegel oder Fliesen sammeln, um sie wiederzuverwenden, wird es dann nicht mehr gehen.«

Wir hören schon: Besondere Bedeutung gesteht der Bauherr Gassner dem Material zu. Er schätzt den puren Werkstoff. Statt Fliesen bevorzugt er möglichst rauen Stein: »Der Boden einer Wohnung soll inspirieren, wenn man barfuß damit in Berührung kommt.« Besonders gern setzt er naturbelassenes Vollholz ein. (»Weil es noch Lebenszeichen in sich birgt; vermeintliche Unvollkommenheiten, die jedoch einen harschen Reiz haben. Weil Wuchs und Wirbel erkennbar sind. Sie geben uns eine Ahnung von Natur und Wald.«) Gerne dämmt er mit Schilf vom nahen Neusiedler See: »Es ist feuchteresistent, nicht pilzanfällig, mit Putzsystemen kombinierbar und – weil es in der Region wächst – zu hundert Prozent ökologisch.«

All das nährt Gassners Überzeugung, dass erst »lebendige« Naturmaterialien wirklich zum Leben eines Gebäudes beitragen. Wobei er jeder Unzulänglichkeit dabei auch wieder Reize abgewinnt. Ein Beispiel: »Wer auf das Knarren der Treppe verzichtet, verzichtet auch auf die Sprache der Materialien. Wer sich für Werkstoffe entscheidet, die ihren Charakter nicht verändern, bringt sich um das Glück der Patina.«

Gäbe es diese Zuschreibung nicht nur in der Landwirtschaft, sondern auch in der Bauwirtschaft, man müsste Robert Gassner – ganz ohne Esoterik – als »Demeter-Baumeister« bezeichnen. Während ein der Demeter-Denkschule verpflichteter, biodynamischer Bauer einen gesunden Hof-Organismus als das Maß aller Dinge erachtet, legt Robert Gassner beim Bauen besonderen Wert auf den Haus-Organismus: »Der Organismus eines Hauses muss letztlich auch in kommenden Jahrzehnten lebendig bleiben. Das ist mein Gedanke: sich vor Augen zu führen, dass unsere wohlüberlegten Investitionen nicht die letzten in der Geschichte dieser Gebäude sein werden. Wie werden sie in 100 Jahren im Detail aussehen? Wir wissen es nicht. Aber wir planen und adaptieren sie so, dass die allerbesten Voraussetzungen für eine langfristige Nutzung geschaffen werden.«

Dabei hat – nennen wir ihn einfach so – der »Demeter-Baumeister« auch Tipps zur Hand, wie sich zeitgemäßes Sanieren ganz ohne Industriedämmstoffe bewerkstelligen lässt: Das kritische Hinterfragen der Bauordnungswerte gehört da ebenso dazu wie die Überlegung, welche Bereiche einem wirklich wichtig scheinen. (»Es hat schließlich keinen Sinn, Passivhausfenster einzubauen, aber sonst für keinerlei Dämmung zu sorgen.«) Zudem rät er zur bevorzugten Verwendung von Produkten aus der Umgebung: »Ganz wie früher, wo nur Material verwendet wurde, das mit Pferdewagen im Umkreis von etwa 60 Kilometern verfügbar war. So wäre etwa in Wien und Umgebung eine Schilfdämmung anzuraten. Schilf ist leicht zu verarbeiten, dämmt gut, lässt sich gut kombinieren und schafft dabei ein angenehmes ausgleichendes Raumklima.«

Der Empfehlung manch anderer Experten – es zu Hause möglichst *low-tech* zu halten – kann er also durchaus etwas abgewinnen; freilich ohne sich zur Gänze dem Archaischen verschrieben zu haben. Denn bei Gassner ist es oft gerade erst die Technik, die dafür sorgt, dass sich zeitgemäßes Wohnen auch halbwegs nachhaltig gestalten lässt. So empfiehlt er seinen Kunden etwa eine App, die am Tablet komplexe Lüftungsfragen, Luftwerte und die Zirkulation von CO_2 und den Sauerstoffgehalt in den eigenen vier Wänden veranschaulicht und damit rasches, zielgerichtetes Stoßlüften ermöglicht. »Das ist ein weit effizienterer Weg zum Energiesparen, als die Althäuser mit dicken Dämmschichten zu versehen.«

Direkt unter deinem Dach – vielleicht ein paar luftige Höhenmeter über deiner Haustür – danken dir den Verzicht auf lückenlose Styroporbeschichtung womöglich auch tierische Mitbewohner; Tiere, von deren Anwesenheit du wahrscheinlich ebenso wenig weißt wie bis gerade eben noch von der Existenz des Triels. In Rolllädenkästen, hinter Fassaden, in Ritzen zwischen Ziegeln oder im Dachgebälk nisten nämlich allzu gern Fledermäuse; gerade in älteren Gebäuden.

Oft werden sie im Zuge von Sanierungsmaßnahmen bei lebendigem Leib eingemauert – von unwissenden Hausbesitzern, die dann keine Ahnung haben, woher die plötzliche Stechmücken- und Gelsenplage rührt. Schließlich vertilgt so eine ausgewachsene Fledermaus bis zu 3000 dieser hinterhältigen Plagegeister in einer einzigen Nacht. Du solltest deshalb vielleicht auch einmal in der Nachbarschaft die Errichtung eines Fledermausschutzgebiets anregen.

Der Lebensraum des Triels übrigens – die sandigen Schottergruben und kargen, humusbefreiten, kaum bewachsenen Baggerlöcher – ließe sich auch ganz leicht erhalten: Indem wir einige dieser künstlich geschaffenen Refugien einfach nicht mit Bauschutt auffüllen. Kogel wäre jedenfalls keiner erforderlich.

Tipps

Alte Mauern Neues Wohnen nennt sich die umfangreiche, Ende 2015 im Eigenverlag herausgebrachte Werkschau des Wiener Bauherrn Robert Gassner. Lesenswert: die ausformulierten Überlegungen zum zeitgemäßen Sanieren und sein Bekenntnis zur »neuen Ethik des Bauens«.

2013 wurde im Vorarlberger Lustenau mit dem »2226« ein zukunftsweisender Bau fertiggestellt. Nicht gedämmt, kommt das vom Planungsbüro Baumschlager Eberle realisierte sechsgeschossige Bürogebäude auch ganz ohne Heizung und Kühlung aus. Ziel war es dabei, möglichst wenig Technik einzusetzen.

www.baumschlager-eberle.com

Die Schweizer Stiftung Fledermausschutz stellt einen Leitfaden zum fledermausfreundlichen Sanieren bereit.

www.fledermausschutz.ch

Zieh in eine WG oder tausch deine Wohnung (gegen ein Haus am Land)

»Save water, bath with a friend« – dieser alte Slogan der 68er-Generation war nicht ganz verkehrt. Wir sollten viel öfter Ressourcen teilen, auch zu mehrt. Weitergedacht fürs Wohnen bedeutet das: Die Vorzüge des »Hotel Mama« sind nicht gering-zuschätzen. Und Wohngemeinschaften sollten nicht nur Studenten in Betracht ziehen, sondern auch Senioren oder städtische Dorfbewohner.

Selten wohl sind sich Auseinandergehende bewusst, welche unmittelbaren Auswirkungen ihre Trennung über das eigene Leben hinaus so hat. Nachvollziehbar, dass einem viele davon herzlich egal sind, wenn einen selbst das Leben gerade emotional mitnimmt. Klar, im Fall einer Scheidung rechnen beide Beteiligten durch, was das finanziell für sie jeweils bedeutet. Haben sie längere Zeit einen Haushalt geteilt, dann werden aber auch Unverheiratete überlegen, ob sie sich fortan einzuschränken haben, inwiefern sie künftig maßhalten müssen, was sie sich womöglich nicht mehr leisten können. Einsparungen, die das eigene Geldvermögen übersteigen, bleiben meist unbedacht.

Immerhin hat die mühsam im Lauf der Geschichte errungene Freiheit, sich jederzeit verhältnismäßig einfach trennen zu können, durchaus ihren Preis. Im Gespräch mit der *Süddeutschen Zeitung* veranschaulicht ihn Jakob von Uexküll, der Gründer des Alternativen Nobelpreises: »Wenn sich in Deutschland ein Paar trennt und dann in zwei getrennten Haushalten lebt, ist allein der Mehrverbrauch an Ressourcen so groß wie der gesamte Verbrauch von 31 Menschen in Namibia.« Hört sich plausibel an: zwei Wohnungen zu heizen, zwei Kühlschränke, zwei Haarföns, Wasch- und Kaffeemaschinen, Möbel – alles doppelt. Du kannst dir leicht ausrechnen, dass das nicht nur ökonomisch eine Mehrbelastung mit sich bringt, sondern auch ökologisch.

Und auch, was das für das Zusammenleben in der Großfamilie unterm Strich bedeutet.

Ich hatte vor einiger Zeit das Vergnügen, in der Schnellbahn zuhören zu dürfen, wie ein junger Vater – recht offensichtlich getrennt von der Kindsmutter lebend – seiner Tochter erklärte, was das denn war: eine Großfamilie. Vater, Mutter, viele Kinder, Großeltern, Onkel, Tanten, Cousins, ledig gebliebene Angehörige – alle leben und einige davon arbeiten auch unter einem Dach. Die Kleine befand das für »cool«, wollte Oma und Opa auch am liebsten in ihrer Nähe wissen, musste ihrem Vater aber recht geben, dass sich ein derartiges Zusammenleben im eigenen Fall schwer umsetzen ließe. Die eine Oma lebe schließlich in Polen, wo sie die Urgroßmutter pflegt; die andere Oma mit dem Opa auf dem Land; die Mama mit ihrem neuen Freund zusammen; der Onkel habe in Schweden Familie; und dass das Mädchen die beiden Zwillingscousins schon einmal gesehen habe, als es selbst klein war, wollte das Kindergartenkind im Zug erst nach einer Gedächtnisauffrischung durch den Papa glauben.

Neugierig geworden, hatte ich mir einstweilen mein Handy gegriffen und parallel nach einer Definition zur Großfamilie gesucht. Dabei neu war für mich nur, dass der gutmeinende Vater der Tochter zumindest in einem Belang Blödsinn erzählt hatte: Entgegen seinen Behauptungen war die Großfamilie nämlich auch früher nicht die Norm – aber natürlich deutlich häufiger anzutreffen als heute.

Worauf ich mit dieser Anekdote hinauswill? Nun, der steigenden Beliebtheit des »Hotel Mama« zum Trotz: Die patriarchale Großfamilie wird wohl auch künftig keine Renaissance erfahren. Generell geht der Trend eher in die gegenteilige Richtung. Steigende Mobilität und Internationalität bringen immer mehr Fernbeziehungen mit sich. Das belegen für beide Geschlechter etwa Zahlen aus Österreich, wo 2015 beinahe jeder Dritte zwischen 25 und 29 Jahren eine Fernbeziehung führt und fast jeder Fünfte 30- bis 34-Jährige. Viele davon leben alleine. Aber auch viele Paare, die geografisch am selben Ort vereint sind, entscheiden sich für getrennte Wohnungen – alleinerziehende Elternteile leben oft nicht mit ihrem neuen Partner zusammen. Das gilt auch für ältere Geschiedene oder Menschen, deren langjähriger Partner verstorben ist.

»Sie wollen in der eigenen Wohnung, in der Nähe von Kindern und Enkeln bleiben«, zitiert *Die Presse* die Wiener Forscherin Eva Beaujouan. »Sie wollen ihre Lebenssituation gar nicht verändern und sagen auch oft gar nicht, dass sie zusammenziehen wollen.« Demografen wie Beaujouan sprechen vom *living apart together.* Dieses Phänomen bringt fast zwangsläufig mehr »Single«-Wohnungen mit sich. Das zeigen auch die Zahlen der Statistik Austria. Die Anzahl der Einpersonenhaushalte steigt stetig, die Personenanzahl pro Haushalt sinkt, automatisch steigt die durchschnittliche Wohnfläche pro Kopf. Für den Einzelnen ist das nicht nur teuer – im Hinblick auf Ressourcen wird das auch insgesamt zum Problem.

Praktikable und durchaus bewährte Lösungsansätze gibt es allerdings. Wobei es bislang nur die Uni-WG bis in den gesellschaftlichen Mainstream geschafft hat, also die bewusst zeitlich beschränkt angelegte Wohngemeinschaft von Studierenden. Immer häufiger taucht das Prinzip Wohngemeinschaft allerdings auch in anderen Zusammenhängen und Lebensphasen auf. Etwa 2011 in der französisch-deutschen Tragikomödie von Stéphane Robelin: *Und wenn wir alle zusammenziehen?*, fragen sich gleich im Titel eine Handvoll befreundeter Pensionisten. Sie sind älter geworden und werden damit konfrontiert, dass es sich immer schwerer bewerkstelligen lässt, alleine zu leben. Statt das Altersheim beziehen der Anarchist Jean (Guy Bedos), Annie (Geraldine Chaplin), Claude (Claude Rich), Jeanne (Jane Fonda) und der an Alzheimer erkrankte Albert (Pierre Richard) allerdings gemeinsam eine Villa.

Im Interview mit dem Seniorenmagazin *Unsere Generation* meint Pierre Richard, einst als komischer Tollpatsch und schusseliger »großer Blonder« zur Ikone seiner Generation geraten und mittlerweile über 80, gewissermaßen »die anderen Alten« darzustellen: »Ältere, die Lebensfreude versprühen: gerne gemeinsam feiern, essen, trinken, Spaß miteinander haben.« Zwar wurde dem Film vorgeworfen, dass er das Älterwerden doch deutlich geschönt zeige. Was ihm aber zweifellos gelungen ist: das Modell der WG für eine andere Lebensphase ins Spiel zu bringen – und als Gedanken attraktiv zu machen.

Heizen mit Holz
4-Personen-Haushalt
6 m³ Hartholz

Heizen mit Holz
1-Personen-Haushalt
6 m³ Hartholz

Du musst allerdings weder 80 noch ein alter oder ein junger Hippie sein, um dich für ein Leben in der Wohngemeinschaft zu entscheiden. Es ist nicht zuletzt eine nüchterne Rechnung, die dafürspricht. Denn wenn das Auseinandergehen eines Paares einem Ressourcenverbrauch von 31 Menschen in Namibia gleichkommt, dann bedeutet das im Umkehrschluss auch, dass jeder WG-Bewohner und jedes Zusammenziehen genau den gleichen Impact hat – jedoch im positiven Sinn.

Beispiele für geglückte Wohngemeinschaften oder auch gemeinschaftliches Wohnen in durchdachten architektonischen Einheiten gibt es mittlerweile zur Genüge – in der Stadt wie auf dem Land. Auffällig ist dabei, dass auch in der Stadt die überschaubare »Dorfeinheit« imitiert wird, die möglichst Bedacht auf eine »gesunde« Altersstruktur nimmt. Denn was in *Und wenn wir alle zusammenziehen?* ausgespart und nicht zu Ende gedacht wird: dass von den fünf Freunden irgendwann einer als Letzter übrig bleiben wird. Am Leben bleibt eine Gemeinschaft aber nur dann, wenn es ein Kommen und Gehen gibt.

Als vorbildlich gilt, auch im internationalen Vergleich, die aufwendig umgestaltete alte Sargfabrik in Wien-Penzing. Mitte der 1990er-Jahre vom Verein für integrative Lebensgestaltung gegründet, ist es als Wohnhaus für 150

Erwachsene und 60 Kinder und Jugendliche das größte alternative Wohnprojekt Österreichs. Regelmäßig schauen hier ausländische Architekten vorbei, ganze Delegationen von Stadtplanern machen in der Sargfabrik halt. Denn was die Planer im Sinn hatten – ein »Dorf in der Stadt« –, ist voll und ganz aufgegangen.

Auch das integrative Konzept wirkt weit über den unmittelbaren Ort des Geschehens hinaus. Zwar bleiben der Spielplatz und der Dachgarten den Bewohnern der Sargfabrik vorbehalten. In den vom Verein betriebenen Kindergarten bringen allerdings sogar Eltern aus anderen Bezirken ihren Nachwuchs. Das Badehaus im Keller steht überhaupt allen offen, ebenso das Lokal namens *Kant_ine vier zehn*, in dem man versucht, gestrandeten Existenzen eine zweite Chance zu geben. Als Konzert-Location ist die Sargfabrik in Teilen der Jazzwelt und jedenfalls in der World-Music-Szene auch international ein Begriff. Vormittags wird sie als Kindertheater von Schulen aus ganz Wien besucht.

Heizen mit Erdgas
4-Personen-Haushalt
800 m³

Heizen mit Erdgas
1-Personen-Haushalt
800 m³

Einmal in der Woche kommt ein mobiler Bio-Laden vorbei, bei dem sich auch Passanten gern mit regionalen Produkten eindecken. Ein paar der Sargfabrikanten halten sich sogar ihre eigenen Hühner – ein Dorf, ohne Zweifel, und das mitten in der Stadt. Und doch ist die Welt hier im Westen von Wien eine urbane; sie ist größer und vor allem deutlich flexibler als das Leben in der dörflichen Enge, an die sich viele vom Land Geflüchtete erinnern. Auf unterschiedliche Lebensphasen lässt sich in der Sargfabrik ebenso reagieren wie auf neue Lebenssituationen. Sind die Kinder aus dem Haus oder die eigenen vier Wände durch eine Trennung plötzlich zu groß, bieten sich Rochaden an. »Wenn für die Bewohner ihre Wohnung nicht mehr passt, wird untereinander getauscht«, erzählt eine Bewohnerin. Das klappe nicht immer, wäre aber zumindest unkompliziert möglich und Teil des Konzepts. Denn unterschiedliche Lebensphasen brauchen unterschiedlich viel Platz. Jedes Alter hat andere Bedürfnisse.

»Die Idee vom Dorf neu erfinden« – das war auch der fixe Vorsatz in Wulfsdorf unweit von Hamburg, wo die Allmende Wulfsdorf aus dem Boden gestampft wurde. »Mehr als eine Baugemeinschaft« wollte man sein. Und auch, wenn hier dieselben Alltagsprobleme auftreten wie auf dem altbekannten Dorfe – etwa das große Ego so manches »kleinen Dorfpolitikers« –, hat die Allmende »doch geschafft, wovon viele träumen: ein nachbarschaftliches Leben zu organisieren, natur- und stadtnah, ökologisch und gemeinschaftlich«. So stellt sich die Allmende zumindest auf ihrer Website vor.

Auch direkt im Stadtgebiet von Hamburg werden mittlerweile Gemeinschaften, die bereit sind, selbst Bauprojekte zu stemmen, aktiv gefördert. »Baugemeinschaften sind zwar ein kleines Segment in Hamburg«, berichtet Angela Hansen, die Chefin der Hamburger Agentur für Baugemeinschaften. »Sie machen die Stadt aber ein bisschen bunter. Baugemeinschaften sind in der Regel sozial engagiert und wirken dadurch in ihren Stadtteil hinein. Davon profitiert auch die Stadt.« Stimmigerweise ist die Agentur für Baugemeinschaften in der städtischen Behörde für Stadtentwicklung untergebracht.

In Wien hat 2015 bei der Wahl des Gemeinderats sogar eine Partei kandidiert, die bei Stadtentwicklungsprojekten eine Einbeziehung gemeinschaftlicher Bauprojekte gleich fix vorschreiben wollte. »Wir können uns vorstellen, dass eine gewisse Anzahl von Grundstücken in Neubaugebieten von vornherein für Wohnprojekte vorgesehen wird – zum Beispiel über eine spezielle Widmung«, so die Ansage von *Wien anders*. Ins Stadtparlament schaffte es die alternative Wahlplattform allerdings nicht. Womöglich auch, weil die Stadtoberen ohnehin gesprächsbereit sind, wenn es um andersartige Stadtentwicklung geht. Zwar kann sich derzeit noch niemand so richtig ausmalen, wie die Seestadt Aspern, das riesige Erweiterungsgebiet im Norden der Stadt, dereinst aussehen wird. Mit der Publikation *Gemeinsam Bauen Woh-*

nen in der Praxis hat die lokale Entwicklungsagentur aber zumindest eine kompakte Anleitung verfasst, die aufgeschlossene Laien für derartige Projekte begeistern soll.

Bewusst in die ländliche Umgebung der Stadt verschlägt es die gebürtige Münchnerin Anne Erwand. Gemeinsam mit zwölf Gleichgesinnten und ein paar Kindern möchte sie Wien demnächst den Rücken kehren und das niederösterreichische Hasendorf besiedeln. Ja, das heißt wirklich so, Hasendorf. Die Sache ist bereits beschlossen, ein Architekt beauftragt, vieles bis ins letzte Detail durchdacht – und läuft alles nach Plan, dann will man noch 2017 einziehen. Bis dahin sucht das »Wohnprojekt Hasendorf« noch zwei Dutzend weitere Mitbewohner, denn auf dem insgesamt 4500 Quadratmetern großen Gelände sollen auf 1200 Quadratmetern Wohnfläche 25 Erwachsene samt Anhang eine Bleibe finden.

Das ambitionierte Projekt versteht sich als Labor, beruft sich auf die *Transition Town*-Bewegung und bereitet sich dementsprechend mit landwirtschaftlicher Permakultur und einem rundum durchdachten Ökokonzept aufs postfossile Zeitalter vor. »Unser Ziel ist es, heute so zu leben, wie wir alle 2050 leben werden«, heißt es auf der Website der angehenden Hasendorfer. Denn: »Die Art und Weise, wie wir heute auf endliche Ressourcen zugreifen, wird schon in wenigen Jahrzehnten dazu führen, dass unser heutiger Lebensstil nicht mehr umsetzbar ist. Unsere Zielvorstellungen klingen dramatischer, als sie sind. Denn wir wollen mit unserem Wohnprojekt auch zeigen: Ein gutes und erfülltes Leben ist trotzdem möglich!«

Die individuellen Wohnungen sind bewusst klein bemessen, die Gemeinschaftsflächen hingegen großzügig gestaltet. Zwölf Küchen, zwölf Arbeitszimmer, zwölf Waschmaschinen spart man etwa durch eine große Gemeinschaftsküche, einen Coworking-Space und eine Waschküche ein. Auch Car-Sharing ist geplant, außerdem ein

Kinderspielraum, eine Werkstatt, ein Leihladen, eine Sauna, ein Schwimmteich und ein kühler, ganzjährig frostfreier Erdkeller zum Lagern von Lebensmitteln – um möglichst wenig Energie zu verbrauchen. Eine kleine Küchenzeile gibt es in jeder Wohneinheit. Schließlich soll niemand zur Gemeinsamkeit gezwungen werden.

Im Vordergrund stehen Effizienz, Freiheit, ein wenig Entschleunigung und der Fokus aufs Wesentliche. Was das konkret heißen kann, beschreibt Anne Erwand, die auch als Hasendorferin noch in Wien arbeiten möchte: »Mein Ziel ist es, nicht jeden Tag zu pendeln, sondern auch viel im Homeoffice zu erledigen. Ich werde allerdings nicht mehr in meiner Wohnung am Computer arbeiten müssen, was momentan immer wieder der Fall ist. Durch das Wohnprojekt kann ich mir meine Wohnung als Ruhe- und Erholungsraum wieder ›zurückerobern‹, weil die Arbeit am Computer dann immer im Coworking-Space stattfinden kann. In Hasendorf werde ich auch keinen Platz mehr für die Waschmaschine und das Wäscheaufhängen brauchen, weil es dafür Gemeinschaftsräume geben wird. Momentan leben mein Freund und ich in einer Wohnung auf 60 Quadratmetern. Da kann ein Wäscheständer schon viel Raum wegnehmen.« Womöglich kommt das auch dir aus dem eigenen Alltag bekannt vor.

Wie auch immer du selbst dir dein Leben im Jahr 2050 vorstellst: Du musst weder nach Hasendorf noch nach Wulfsdorf ziehen, um Visionen auf den Boden zu bringen und die Zukunft vorzuleben. Es spricht auch nichts dagegen, den eigenen Wankelmut auszukosten und dich der Unentschlossenheit hinzugeben – etwa was die Entscheidung zwischen Leben auf dem Land und Stadtexistenz betrifft. Wie das gehen könnte, zeigt eine vierköpfige Familie, die vor den Toren Wiens ein altes Winzerhaus liebevoll renoviert hat. Mit ihrer unkonventionellen Immobilienanzeige – dem Blogbeitrag »Tauschen befristet idyllisches Haus im Süden von Wien

(20 Zugminuten) gegen zentrale Wohnung in Wien« – sorgte sie für Aufsehen. Neun Jahre lang hat die Familie selbst in dem Haus gewohnt. Nun, da die Kinder größer geworden sind, möchte man eine Zeit lang das Stadtleben genießen. Für den Wohnungstausch auf Zeit richtet man sich gezielt an Jungfamilien – »weil ich viele junge Eltern kenne, die plötzlich den Wunsch verspüren, ins Grüne zu ziehen«, so die Eltern im Interview mit dem Magazin *Biorama*.

Wie sich nicht nur ein Mensch im Laufe seines Lebens wandelt, sondern wie wandelbar sich auch eine Wohnung gestalten lässt, weiß, wer einmal mit Heinz Feldmann zu tun hatte. Gut möglich, dass seine Klienten, die ihn als »Männer-Coach« und »Lebens-Wandler« buchen und ihn in seiner 40-Quadratmeter-Praxis in Wien konsultieren, nicht im Traum daran denken würden, dass Feldmann darin auch wohnt. Es ist keine Übertreibung, wenn ich sage, dass sich auf diesen 40 Quadratmetern locker eine zehnseitige Fotostrecke für eines dieser schicken Wohnmagazine schießen ließe, ohne dass einem dabei auch nur einmal langweilig würde. Denn Feldmanns Refugium ist nicht nur das, was man in den Neunzigerjahren eine »Designer-Wohnung« genannt hätte, sondern vor allem eine wahre *Transformer*-Behausung. Wobei der Sohn eines Tischlers alles selbst geplant hat.

Zwei multifunktionale Möbelreihen machen es möglich, dass hier ein Computerarbeitsplatz, ein Bett, eine Bibliothek und noch vieles mehr Platz haben. Ein, zwei Handgriffe, und alles ist verstaut, umgebaut und so schlicht und klar wie vorher – nur nun eben Arbeitsraum und erst ein paar Stunden später wieder privater Rückzugsort. Sogar für eine gar nicht klein gehaltene Kaffeemaschine, eine in ihrer Opulenz an eine DJ-Kanzel erinnernde herausziehbare Kochnische und ein – zugegeben kleines – Weindepot bleibt Platz. Für seine Frau hat Feldmann übrigens im selben Gebäude eine ähnliche Wohneinheit geplant, ganz auf ihre Bedürfnisse hin maßgeschneidert.

Derart gestaltet gibt es gegen das Konzept *living apart together* auch aus ökologischer Sicht keinerlei Einwände. Das Paar genießt maximale Freiheit ohne wirkliche Einschränkungen. Zusätzlich zu seinen 40 privaten Quadratmetern stehen ihnen als Genossenschaftern des *Wohnprojekts Wien* auch allerlei Annehmlichkeiten zur Verfügung, welche die meisten von uns sonst höchstens aus dem Urlaub kennen. Dass ein Verein für nachhaltiges Leben gemeinschaftliche Kinderräume, eine Gemeinschaftsküche und eine geräumige Fahrradgarage einplant, überrascht kaum. Auch der Gemeinschaftsgarten und eine gemeinsame Bibliothek sind noch naheliegend. Aber ein eigener Dachgarten, eine frei verfügbare Gästewohnung und eine Sauna sind doch eher außergewöhnlich. Und ein riesengroßer Whirlpool mit Blick in die Wolken oder zu später Stunde auf den Sternenhimmel – der gehört definitiv nicht zum Standardinventar eines Mehrparteienhauses. Sogar im knapp bemessenen Einpersonenhaushalt lässt sich da der alte 68er-Slogan genussvoll in die Tat umsetzen: »Save water, bath with a friend.«

Tipps

Seit 2009 setzt sich die Wiener Initiative für gemeinschaftliches Bauen und Wohnen unter anderem dafür ein, dass auch gemeinschaftliche Baugruppen berücksichtigt werden, wenn die Stadt Gründe parzelliert. Darüber hinaus ist sie eine Vernetzungsplattform für den gesamten deutschsprachigen Raum.

gemeinsam-bauen-wohnen.org

Der Name des *Vereins für besseres Wohnen in der Stadt* ist Programm. In und um München aktiv, inspirierend auch darüber hinaus.

www.urbanes-wohnen.de

Eine lebendige Dorfgemeinschaft, sozial und ökologisch vorbildlich, ein kultureller Ort: All das ist die Allmende Wulfsdorf unweit von Hamburg.

www.allmende-wulfsdorf.de

Leistbarer Luxus, eindrucksvoll umgesetzt und gemeinschaftlich vorgelebt im *Wohnprojekt Wien* auf dem Gelände des ehemaligen Wiener Nordbahnhofs, geplant und realisiert vom Verein für nachhaltiges Wohnen.

www.wohnprojekt-wien.at

Im Vorzeigewohnprojekt im Westen Wiens ist integrative Lebensgestaltung mehr als ein wohlklingendes Schlagwort, sondern kulturelle Praxis. Gegen Voranmeldung kannst du diesen außergewöhnlichen architektonischen Komplex besuchen.

www.sargfabrik.at

Die erste Cohousing-Siedlung Österreichs befindet sich in Gänserndorf-Süd. Auch eine ländliche Foodcoop und unter anderem das Partycipation-Festival hat dieses durch und durch inspirierende Milieu bereits hervorgebracht.

www.derlebensraum.com

Gerade in Planung: Noch werden für das möglichst postfossil angedachte Wohnprojekt Hasendorf zwischen Krems und Tulln in Niederösterreich Bewohner gesucht.

wohnprojekt-hasendorf.at

Segle nach Amerika (oder wenigstens von Holland nach Frankreich)

Nach Bio-Anbau und fairem Handel fehlt als letztes Glied in der Kette »Fair Transport«. Wie das aussehen könnte? Das kannst du selbst an Bord der *Tres Hombres* erproben. Heuere auf dem Segelboot an und hilf mit, emissionsfrei Rum, Kakao und Schokolade in die Alte Welt zu holen.

Womöglich müssen wir uns daran gewöhnen, dass Exotisches aus Übersee und das, was unsere Urgroßeltern vermeintlich respektvoll noch »Kolonialwaren« genannt haben, in einer nahen Zukunft wieder Luxusprodukte sind: die Ausnahme und etwas Besonderes.

Mit Gewissheit nicht alltäglich ist jedenfalls eine Reise an Bord der *Tres Hombres*. Zwei Niederländer und ein Österreicher haben den alten Kriegsfischkutter aus dem Jahr 1943 gemeinsam mit vielen Helfern und schier unendlichem unentgeltlichem Einsatz komplett umgebaut und als Segelfrachtschiff flottgemacht. Seit 2009 sind Arjen van der Veen, Jorne Langelaan und Andreas Lackner – eben *tres hombres*, also drei Herren – damit emissionsfrei auf der Transatlantikroute unterwegs. Als Fairhandelsschiff transportiert es vor allem Genussmittel und Waren aller Art. »Wir beschränken uns dabei bewusst auf Dinge, die es nicht gibt, wo wir hinfahren«, erläutert Andreas Lackner, »denn wir wollen nicht mit dem lokalen Handel konkurrieren.«

Immer im Herbst geht es von Holland aus nach Norwegen, wo Stockfisch verladen wird, dann weiter nach Frankreich sowie Portugal, wo Wein beziehungsweise Olivenöl geholt wird. Beides bringt die *Tres Hombres* über den Atlantik nach Südamerika. In Brasilien werden vor der Rückfahrt Kaffee und andere fair gehandelte Produkte gekauft, und vor der Überfahrt zurück nach Europa kommen in Grenada noch Rum und Kakao hinzu.

Dass die *Tres Hombres* mit nichts als Rum, Schokolade und Kaffee retoursegelt, mag dir fürs Erste vielleicht spleenig erscheinen. Allerdings: Auch diese Beschränkung ist Teil eines rundum stimmigen Konzepts – und eines konsequent in die Tat umgesetzten Weltbilds. Unter Deck lassen sich maximal 35 Tonnen Ladegut verstauen. Das heißt: Im Lager bleibt kein Platz für Produkte, die es ohnehin in Europa gäbe, oder leicht Verderbliches, das gekühlt werden müsste, was wiederum Emissionen bedeuten würde.

Wer da belächelt, dass es bei der Import- bzw. Exportware auch eine relativ strikte Selbstbeschränkung auf Genussmittel gibt, sollte sich ins Bewusstsein rufen: Bei den aus aller Welt herbeigeschifften oder gar eingeflogenen Orangen, Mangos oder Avocados handelt es sich letztlich um ganz genau das – um Luxus, den nur die wenigsten von uns schätzen, weil er alltäglich geworden und, meist zu ausbeuterischen Bedingungen produziert, viel zu billig zu uns gelangt ist. Wer all das belächelt, ist arm und abgestumpft verglichen mit den *Tres Hombres*. Sie zelebrieren den Genuss, kosten aus – alles andere als asketisch. Und würden wir nicht in Europa, etwa in Polen, ohnehin Tabak anbauen – wahrscheinlich hätte das Schiff auch ihn getrocknet mit an Bord.

Dementsprechend versteht sich *Tres Hombres* auch erst in zweiter Linie als Unternehmen – weil halt Menschen von diesem Unterfangen leben müssen. In erster Linie sind die *Tres Hombres* und ihr mittlerweile vom Stapel gelassenes Schwesterschiff *Nordlys* als politisches Statement gedacht. Alles ist immer auch symbolisch zu verstehen, der gelernte Maschinenbauer Lackner war schließlich in seinem früheren Leben Aktivist bei Greenpeace.

Als Umweltbewegte segeln die Handelsaktivisten bei jedem Wind – und setzen sich den Urgewalten der Meere voll und ganz aus. Einen Motor, einst fixer Antrieb des Fischkutters, hat die *Tres Hombres* heute nicht einmal zur Sicherheit dabei. Wohl weniger aus Fundamentalismus, sondern eher, um zu beweisen – sich selbst wie der Welt –, dass sich auch heute noch durchziehen lässt, was jahrhundertelang selbstverständlich war: das Vertrauen auf günstige Winde und die eigenen Fähigkeiten, damit umzugehen.

Dass die *Tres Hombres* der konventionellen motorisierten Frachtschifffahrt den Kampf angesagt haben – ja, das hört sich voll und ganz verrückt an. Dass allerdings eher die »moderne« Frachtschifffahrt verrückt ist, dessen ist sich kaum jemand bewusst. Der weltweite Schiffsverkehr hat eine katastrophale Energiebilanz. Frachter, Kreuzfahrtschiffe und Fähren verbrennen Schweröl, das erst auf konstante 60 Grad Celsius erhitzt überhaupt verwendet werden kann. Jedes einzelne der größeren Schiffe verursacht so viele CO_2-Emissionen wie Millionen Automobile. Recherchen des renommierten britischen Umweltjournalisten Fred Pearce aus dem Jahr 2009 haben ergeben, dass allein die 16 größten Schiffe der Welt zum damaligen Zeitpunkt mehr Schwefeldioxid ausgestoßen haben als weltweit alle (!) Kraftfahrzeuge gemeinsam. Und die Schiffe sind seither nicht unbedingt kleiner geworden.

Andreas Lackner ist durchaus Realo: »Ich habe keine Ahnung, ob wir unser Ziel – alle Fracht unter Segel und so wenig Frachttransport wie möglich – jemals erreichen. Oder wir noch erleben, dass sich die Schifffahrt radikal ändert. Aber irgendjemand muss es tun. Jemand muss anfangen. Und wir haben auch noch Spaß dabei.« Seine Vision: dass irgendwann nicht mehr jeder Scheiß hin und her geschippert werde; dass irgendwann nicht mehr – »mit null Rücksicht auf menschliche Belange« – durch Billigimporte lokale Märkte zerstört werden; dass irgendwann die Fairhandelsschifffahrt auch im größeren Maßstab fairen Handel möglich mache – und die Schifffahrt die soziale Ungleichheit nicht weiter verstärke.

Die *Tres Hombres* lassen keinen Zweifel: Ihr Unterfangen umweht eine furchtlose Mischung aus Abenteuerlust und Gerechtigkeitssinn. Wobei es längst keine reine Herrenpartie mehr ist, die da beseelt die Weltmeere befährt. 15 Personen werden auf der *Tres Hombres* gebraucht. Fünf davon sind als Stammbelegschaft fix – ein Kapitän, zwei Steuermänner, je ein Bootsmann und ein Koch. Zehn weitere kommen als Trainees an Bord. Bist du bereit, anzupacken und für deine Anwesenheit noch etwas draufzulegen, bist du als Gast willkommen – denn vorerst braucht die Fairhandelsschifffahrt Entwicklungshilfe.

Vorbildung oder besondere Kenntnisse sind nicht erforderlich. Einen Segelschein brauchst du nur als Wachtführer, Steuermann oder Kapitän. Dafür kannst du an Bord der *Tres Hombres* nicht nur das erforderliche Wissen sammeln, um den Schein schließlich zu machen. »Wir bieten praktische Ausbildung und eine Bestätigung der Seemeilen, die du zusätzlich zur theoretischen Ausbildung und für die Anfrage deiner Fahrerlaubnis brauchst«, erklärt Andreas Lackner. 1200 Euro pro Monat solltest du dafür einplanen – all inclusive. Du musst dir aber nicht zwingend ein Sabbatical und Zeit für eine mehrmonatige Weltreise nehmen: Von zwei Wochen an Bord bis zu acht Monaten ist alles möglich. »Im April sind wir immer von Holland nach Frankreich unterwegs«, berichtet der gebürtige Steirer, »das schaffen wir gut binnen zwei Wochen.«

Nicht alle drei Gründer sind ständig selbst mit auf hoher See. Weshalb immer wieder Kapitäne gesucht werden – »aber wir bilden sie lieber selber aus«. Es ist wichtig, dass die Crew harmoniert. Schließlich sind hier nicht nur Segelfrächter, sondern auch Umweltaktivisten unterwegs. Keinen überflüssigen Strom, auch wenig Wasser und Wärme bemüht man sich hier zu verbrauchen. Es gibt vor allem biologisches – Lackner spricht von »normalem« – Essen. Einschlägige Themen werden diskutiert. Man ist stolz auf die engen Kontakte zu Herstellern und Importeuren, die man in den Häfen trifft. Derzeit geht die nach Europa gebrachte Ware in die Niederlande, in die skandinavischen Länder, nach Großbritannien, Deutschland, Österreich, in die Schweiz und nach Tschechien.

Dass fair gehandelte und fair transportierte Produkte mehr kosten, das muss den Konsumenten zwar erst vermittelt werden, aber dazu stehen alle Beteiligten. Wir reden hier nicht von ein paar Prozent, sondern vom Drei- bis Vierfachen. Und das, obwohl freiwillige Azubis wie du und ich bezahlen, um mithelfen zu dürfen. 200 Euro kostet beispielsweise ein Liter des 17 Jahre gereiften Bio-Rums aus dem Hause Aldea mit 56,2 Volumprozent Alkohol. »Das Zuckerrohr wächst und reift langsam in der Sonne La Palmas, um das beste Aroma zu erreichen. Der Rum hat einen unverwechselbaren Geschmack nach frisch geschnittenem Zuckerrohr«, so die Beschreibung im Shop auf *www.treshombres.at*. Geliefert wird in der stylishen Tonflasche – sicher das Schmuckstück einer jeden Bar. Wie gesagt: Den *Tres Hombres* geht es um Genuss, um das Besondere. Für alles andere würde sich die lange Seereise schließlich nicht lohnen.

Dementsprechend klein ist derzeit auch das Sortiment des Onlineshops. Neben einem noch etwas höherprozentigeren (62,9 Vol.-%), etwas älteren (21 Jahre) und gleich teuren Rum aus der Dominikanischen Republik gibt es von dort etwa auch den Cocoa Imperial. Er wird als »feinster Edelkakao aus Trinitariobohnen, angenehm mild, leicht herb und fruchtig« angepriesen. 225 Gramm kosten zehn Euro. Die 90-Gramm-Tafel Schokolade kostet fünf Euro. Auch 120 Gramm des mit der Leine auf den Azoren gefangenen und in Olivenöl eingelegten Santa-Catarina-Thunfischs kosten fünf Euro. Nichts, das man leichtfertig in ein Pesto rührt oder im Tuna Salad zu Tode mariniert. Ja: Es geht um den Genuss.

Schwierig emissionsfrei gestalten lässt sich derzeit noch der Transport am Festland. Doch zumindest in den Niederlanden haben die *Tres Hombres* bereits vielversprechende Nachahmer gefunden. *Men who Sail* nennt sich das junge Unternehmen, das die Binnenschifffahrt auf Segel bringen will. Zumindest von Amsterdam aus gelangt die importierte Ware so auch weitgehend emissionsfrei ins Landesinnere.

Vorbilder hatten auch die drei Weltmeersegler: Als sich Arjen van der Veen, Jorne Langelaan und Andreas Lackner im Jahr 2000 kennenlernten, bemerkten die beiden Holländer, dass sie unabhängig voneinander in den 1990er-Jahren als Matrosen an Bord der *Avontuur* gewesen waren, unter dem in ihrer Heimat legendär eigenbrötlerischen Kapitän Paul Wahlen. Bis kurz vor der Jahrtausendwende war die *Avontuur* in der Karibik etwa im Auftrag von Nestlé unterwegs. Gleichermaßen um Interessierte zu vernetzen und Gleichgesinnte zu motivieren, hat das österreichisch-holländische Triumvirat auch die Fair-Transport-Bewegung ins Leben gerufen – eine lose englischsprachige Plattform, die sich nicht zuletzt an Investoren richtet. Ziel ist es, dass in absehbarer Zeit alle sieben Weltmeere wieder unter Segel befahren werden.

Tres Hombres selbst ist als sogenannte Partenreederei organisiert, an der derzeit 200 Personen und Firmen Anteile halten. Das klassische Dreigestirn aus *friends, fools and family*. Ich gestehe: Mir als Landratte, die zwar das Wasser liebt, aber letztlich selbst beim Flussbaden froh ist, wieder am Ufer zu sein und festen Boden unter den Füßen zu spüren, wäre eine Transatlantikfahrt nicht ganz geheuer. Für die Strecke Holland–Frankreich allerdings lasse ich mich begeistern. Und auch darüber, mich zum *fool* zu machen, denke ich nach. Anteile gibt es ab 1000 Euro. Mit dem Geld sollen weitere Schiffe angeschafft werden. »Größere«, so Andreas Lackner, »damit wir unsere Produkte und die unserer Frachtkunden irgendwann ein wenig billiger anbieten und bringen können.« Auch nach Nordafrika soll es mittelfristig gehen, das Mittelmeer befahren und bis nach China vorgedrungen werden.

Dass irgendwann auch Solarschiffe unter der Flagge der *Tres Hombres* fahren, schließt der Frachtaktivist allerdings eher aus – nicht aus Technikfeindlichkeit, allein der Unabhängigkeit wegen: »Wir bleiben beim Segel. Ein Segel kann man selbst machen und reparieren. Das macht Spaß und stark. Und das müssen wir bleiben. Das Gute ist: Wir müssen keinen neuen Markt kreieren. Wir wollen nur den Verschmutzern den Markt wegnehmen.«

Tipps

Auf der Website der *Tres Hombres* zeigt die Ship-Tracking-Funktion stets an, in welchen Gewässern sich die beiden Schiffe der kleinen Segelfrachtflotte gerade befinden. Wer selbst mitsegeln möchte, kann hier Kontakt knüpfen und checken, während welcher Etappen Platz an Bord wäre. Der Onlineversand der importierten Produkte (Rum, Kakao, Schokolade, Thunfischkonserven) wird derzeit nur innerhalb Österreichs angeboten.

www.treshombres.at

Alternative Anbieter und Transportsysteme zu Wasser vernetzt diese englischsprachige Plattform aus dem Umfeld der *Tres Hombres*. Auch wer überlegt, sich mit Anteilen zu beteiligen, oder wer als Importeur Frächter sucht, wird hier womöglich fündig.

fairtransport.eu

Leider nur auf Niederländisch: die Website der *Men who Sail*. Das Amsterdamer Start-up hat sich – inspiriert von den *Tres Hombres* – darangemacht, die Segelbinnenschifffahrt wieder zu etablieren. So soll Fracht möglichst emissionsfrei ins Landesinnere geschafft werden.

www.menwhosail.nl

Inspirierend: Die Polynesian Voyage Society hält die traditionelle Art der Reise zu Wasser am Leben und bringt unter anderem Schüler und Studierende dazu, sich darauf einzulassen. Das traditionelle hawaiianische Reisekanu ist immer wieder auf den Ozeanen unterwegs. Sein aktueller Aufenthaltsort ist auf der Website ersichtlich. Regelmäßige Updates gibt es auch über den Instagram-Account von Hōkūle'a.

www.hokulea.com

1995 war David Foster Wallace für eine Reportage fürs *Harper's Magazine* auf Karibikkreuzfahrt. Der Schriftsteller verstarb 2008, die deutsche Übersetzung seiner amüsanten Reportage unter dem Titel *Schrecklich amüsant – aber in Zukunft ohne mich* wurde 2015 bei Kiepenheuer & Witsch neu aufgelegt. Vor allem seine Schilderungen der Passagiere begeistern eher nicht für eine Kreuzfahrt. Die bildhaften Beschreibungen – »Ich habe Sonnenuntergänge erlebt, die aussahen wie nach einer digitalen Bildbearbeitung, und einen tropischen Mond, der am Himmel hing wie eine fette Zitrone« – machen aber zumindest Lust auf einen Segelturn. Oder auf einen guten Rum.

Wer sich vor einem längeren Aufenthalt in der Ferne auch kulturgeschichtlich vorbereiten möchte und dabei zu Rainer Wielands im Propyläen Verlag erschienenen *Buch des Reisens* greift, wird den 500 Seiten starken Band so schnell nicht wieder aus der Hand legen. Er sammelt authentische Reiseberichte und Texte von Entdeckern und Seefahrern der Antike, von Gelehrten (Goethe auf Italienreise etwa), aber auch von Abenteurern unserer Tage. Selbst wer sich in der Kajüte auf diese Anthologie einlässt, dem wird die Welt da unten nicht mehr eng erscheinen.

Reise als Post-Tourist (und gönn dir auch feierabends Abenteuer)

Reise seltener, dafür länger und als »radikal verantwortungsvoller Tourist«. Zwischendurch hält dir der Alltag auch in allernächster Umgebung Mikroabenteuer bereit. Du musst dich nur darauf einlassen.

Es fällt schwer, von Dubai nicht fasziniert zu sein, auch wenn man – wie ich – noch nie dort gewesen ist. Und doch wirkt alles daran auch bedrohlich. Während ich im tristen Wiener Herbstnebel auf die Straßenbahn warte, komme ich kaum umhin, die Reklametafeln der Fluggesellschaft Emirates zu beachten. »Bis bald in Dubai«, locken sie amikal, mit Strand, Architektur und ein paar Palmen dazwischen. Die Sonne scheint näher als gedacht, nur einmal Einchecken, ein paar Flugstunden entfernt. Und doch bleibt das freundliche »Hello Tomorrow« auf den leuchtenden City Lights eine düstere Verheißung. Das soll die Zukunft sein? Oder ist es nicht doch eher die größte kulturelle Fehlleistung aller Zeiten, wenn sich eine mit Petrodollars und von Sklaven aus dem Wüstenboden gestampfte Stadt schillernd als die Zukunft zelebriert? Scheint Dubai doch das Destillat all dessen, was schiefgelaufen ist und weiterhin schiefläuft auf diesem Planeten: ein Stadtstaat auf Aircondition, dessen Einwohner den weltweit größten ökologischen Fußabdruck hinterlassen; jener Flecken Erde, dessen Besiedler den schlimmsten Ressourcenverbrauch überhaupt zu verantworten haben.

Vielleicht ist dir der Earth Overshoot Day schon einmal untergekommen, womöglich unter dem Namen »Welterschöpfungstag«. Alle Jahre wieder bedeutet er keinen Grund zum Feiern – weist er als Bewusstseinskampagne des Global Footprint Network doch jeweils jenen Tag aus, ab welchem wir global gesehen über unsere Verhältnisse leben. Weil wir ab diesem Tag mehr verbrauchen, als die Erde produzieren kann, lebt die Menschheit ab diesem Tag gewissermaßen auf Kredit. 1987 waren unsere Weltressourcen noch am 19. Dezember erschöpft, also erst kurz vor Silvester. Seither ist der World Overshoot Day allerdings ein gewaltiges Stück weiter in Richtung Jahresmitte gerückt. Im Jahr 2000 war am 1. November Schluss mit Nachhaltigkeit. 2016 wird das Anfang August der Fall sein. 2017 wohl bereits im Juli. Würde alle Welt so leben wie die Menschen in Dubai, wäre der Earth Overshoot Day irgendwann zeitig im Jahr, lange bevor in Wien im Frühling der Flieder blüht.

Hotelübernachtung inkl. Restaurantbesuch im Winter

Alles hypothetisch, klar. Keinesfalls können alle Erdenbürger wie Dubais Durchschnitts-Emirati leben, braucht dieses System doch moderne Sklaverei. »Wenn du in Dubai auf der richtigen Seite stehst, kannst du in Wohlstand leben, in einer Gesellschaft, die friedlich organisiert und auf Geld gebaut ist. Alles ist künstlich, aber das macht durchaus Spaß. Es gibt keine Demokratie. Nein, über Politik darfst du dir dort keine Gedanken machen«, erzählt mir ein Freund, den es beruflich immer wieder in die Vereinigten Arabischen Emirate verschlägt.

Ein anderer Freund, selbst ein weltpolitisch versierter Blogger und beruflich immer wieder einmal am Persischen Golf, meint: »Das Schlimmste an Dubai: Es ist eine absolut künstliche Gesellschaft, deren Basis eine ›sklavenartig‹ gehaltene Arbeiterklasse ist, die aus der gesamten Dritten Welt eingekauft wird. Die einheimische Schicht wird vom Staat versorgt; alle, die arbeiten, sind Arbeitsdrohnen. Im Übrigen ist das ein Staat ohne Arbeitslosigkeit: Wenn du deinen Job verlierst, fliegst du einfach wieder raus. Ich habe in Dubai die schönste Illusion einer multikulturellen Gesellschaft gesehen: In den Shopping-Malls, wo du wirklich alles bekommst, hast du Burka neben knapp angezogenen russischen Huren. Das funktioniert aber nur im Einkaufszentrum und im Konsum. Außerhalb zerfällt das in Parallelwelten. Das Geld, das alles zusammenhält, macht so eine künstliche Fantasie zur Wirklichkeit. Ohne all das Geld würde das wahrscheinlich alles und womöglich blutig zerfallen.«

Bei allem Gruseln: Auch ihm hört man an, dass es schwerfällt, sich der Faszination Dubais ganz zu entziehen.

Keine Ahnung, wie *Dubai. Ein Souvenir in Bildern* bei mir zu Hause ins Regal mit den Reiseführern gelangt ist. Wahrscheinlich handelt es sich bei der vierten Auflage eines älteren, in der zukunftsverliebten Dubai-Zeitrechnung wohl steinalten Bildbands aus dem Jahr 2001, erschienen bei einem Verlag mit dem wunderbar bezeichnenden Namen *Motivate Publishing*, um ein Erbstück. Darin geblättert habe ich schon öfter. Kamele und Wolkenkratzer, Golfplätze und glitzernde Shoppingtempel, dazwischen Beduinen-Lifestyle im »Heritage Village«, das einen Eindruck von der traditionellen Lebensweise in der Region vermitteln soll. Propaganda, klar.

Hotelübernachtung inkl. Restaurantbesuch im Sommer

Erst beim x-ten Mal Blättern schenke ich dem Vorwort Beachtung. Es stammt von Seiner Hoheit Scheich Hamdan bin Rashid Al Maktoum, stellvertretender Herrscher von Dubai, Finanz- und Industrieminister der VAE und Direktor der Stadtverwaltung Dubais. Es liest sich wie all die Vorworte politischer Propagandapublikationen, die, von Assistenten verfasst, kein Mensch je anschaut und die rein der Eitelkeit des Auftraggebers dienen. Und doch sind des Statthalters Worte aussagekräftig. Vor allem ein Satz sticht hervor: »Hier in Dubai haben wir nicht nur die notwendige Kontrolle und Gesetzgebung, die ein faires und gerechtes kommerzielles Klima garantiert, sondern auch Behörden, deren Einstellung es ist, dass man Firmen machen lassen soll, was sie am besten können, nämlich ihre Geschäfte erfolgreich führen.«

Die frohe Botschaft des Stellvertreters ist eindeutig: Kontrolle und Kommerz. Demokratie, Umwelt, Menschenrechte? Darüber darfst du dir dort keine Gedanken machen.

Genau das fordert aber beispielsweise *Tourism Watch* ein. Die Arbeitsstelle der deutschen evangelischen Entwicklungsorganisation *Brot für die Welt* hat eine überaus brauchbare Broschüre mit »Tipps für verantwortungsvolles Reisen« herausgebracht. Ihr Titel – *Fair Reisen mit Herz und Verstand* – ist Programm, denn: »Tourismus kann auch soziale Ungleichheit verstärken, Umweltprobleme mit sich bringen und lokale Kulturen überfordern.« Und wer Dubai besucht, ohne großartig darüber nachzudenken, der hat mit seinen Devisen den Zement im Handgepäck, die Ungleichheit zu festigen. Auch wenn sich das Emirat uns freundlich als Paradies auf Erden darstellt: Dubai ist das globale Sinnbild für Raubbau und letztlich der konstruierte Super-GAU des Anthropozän, des von uns Menschen geprägten Erdzeitalters.

Selbst wenn die Vereinigten Arabischen Emirate von *Tourism Watch* mit keinem Wort erwähnt werden: De facto jede einzelne Empfehlung, welche die NGO-Arbeitsgruppe für bewusst Reisende parat hat, liest sich wie das genaue Gegenteil dessen, wofür sich Dubai selbst anpreist. Nicht nur rät man uns, der Umwelt zuliebe Heizung, Licht und Klimaanlage jedes Mal abzuschalten, wenn wir eine Unterkunft verlassen, sondern zu überdenken, ob das Einschalten überhaupt notwendig ist. Energieaufwendige Gewohnheiten und Geräte wie die elektrische Zahnbürste oder den Rasierapparat sollten wir gerade in Ländern des Südens am besten zu Hause lassen. »Duschen Sie bei Wasserknappheit nur kurz«, heißt es da. Und: »Wählen Sie möglichst Hotels, deren Wasserverbrauch der Landschaft angepasst ist. Weitläufige Hotelanlagen, deren parkähnliche Rasenflächen permanent bewässert werden müssen, erhöhen den Wasserverbrauch immens.«

Als krasses Beispiel führt der Ratgeber einen 18-Loch-Golfplatz auf den Philippinen an, dessen Instandhaltung im Jahresschnitt täglich 2,3 Millionen Liter Wasser benötigt – eine Menge, mit der sich sonst, je nach Verbrauch, zwischen 46 000 und 115 000 Menschen versorgen ließen. Auch ein Beispiel aus Sansibar (Tansania) verdeutlicht Verschwendung und Unverhältnismäßigkeit: Genannt wird ein Luxusresort, welches pro Zimmer täglich 3195 Liter Wasser verbraucht – für Swimmingpool, die Pflege der Rasenfläche und die Wasserversorgung der Gäste. Dem Durchschnittshaushalt vor Ort stünden im Gegensatz dazu bloß bescheidene 93 Liter pro Tag zur Verfügung.

Damit vom Tourismus nicht bloß internationale Investoren etwas haben, sondern auch die Bevölkerung selbst möglichst profitiert, rät *Tourism Watch*, bei der Wahl der Unterkunft Familienbetrieben oder Mittelklassehotels im Besitz von Einheimischen den Vorzug zu geben: »Die Einnahmen internationaler Luxushotels fließen oft an große Konzerne. Allerdings haben die Angestellten dort oftmals bessere oder zumindest geregelte Arbeitsbedingungen. Mittelständische Hotels in einheimischer Hand können ein guter Kompromiss sein.«

Wandern

Sich an die regionale Küche zu halten, um damit die lokale Produktion und Landwirtschaft zu unterstützen, wird in Dubai ebenso nicht immer leicht sein. Denn wegen seiner geografisch günstigen Lage hat sich Dubai längst als ein unentbehrlicher Flugverkehrsknotenpunkt etabliert. Auch ob der kargen Landschaft rundum ist die Speisekarte in den Hotelanlagen Dubais allerdings eine der globalisiertesten überhaupt. Eindrucksvoll schildert etwa eine Küchenszene in Kurt Langbeins Filmdoku *Landraub*, wie das aus Äthiopien stammende Gemüse von Haubenköchen in Dubai desinfiziert wird – um keinerlei Risiko einzugehen, weil die verkochten Zutaten aus aller Herren Länder stammen.

Eine andere *Tourism Watch*-Empfehlung ist, darauf zu achten, dass Souvenirs, die du mit nach Hause nimmst, im Urlaubsland hergestellt werden, um lokales Handwerk oder Designer zu stärken – das könntest du selbst in Dubai. Die Geschäftemacherei scheint dort schließlich oberste Staats-

doktrin. Ob du diesbezüglich allerdings in den klimatisierten Einkaufslandschaften fündig wirst, ist eine andere Frage. *Wie sieht die soziale Hierarchie meines Urlaubslandes aus?*
Wer arbeitet im Tourismussektor?
Wie werden Beschäftigte behandelt?
Wohin wandert das Geld, das ich ausgebe?
Wer sind die tatsächlichen Profiteure meiner Reise?
Wessen Reiseempfehlungen folge ich?
Wer hat die Erzählung, die meine Erwartungshaltung prägt, verfasst?

Durchschnitts-Punkte Mitteleuropa, pro Tag

Diese und ähnliche Fragen solltest du dir laut Paweł Cywiński stellen – ganz egal, ob du nach Dubai oder Thailand fliegst oder ob du dich mit dem Zug, per pedes oder auf dem Rad aufmachst, um Moldawien zu erkunden. Der polnische Orientalist und Geograf Cywiński ist wohl das, was man einen Globetrotter nennt. Über 50 Länder hat er mit seinen 29 Jahren bereits besucht. »Ich war wirklich dauernd unterwegs, aber oft auch sehr frustriert und unzufrieden«, erzählt er. So begann er im Studium – an der Universität Warschau – zu forschen. Darüber, warum Touristen andere Touristen selbst oft verachten; über die Utopie der Authentizität; über den »human zoo« – den großen Menschenzoo, in den wir uns auf Reisen oft begeben, weil wir nur sehen, was wir im Vorfeld ohnehin schon erwartet haben. Schließlich prägte Cywiński den Begriff des *radically responsible tourist*, des radikal verantwortungsvollen Touristen, der idealerweise den *Post-Touristen* zur Folge hat.

Seit 2013 betreibt er mit seiner Freundin Marysia Złonkiewicz, einer Balkanologin und Kulturwissenschaftlerin, das vom polnischen Außenministerium mitfinanzierte interdisziplinäre Projekt und die Plattform *www.post-turysta.pl*. In anregenden Essays und in mittlerweile annähernd 100 Workshops an Schulen, Universitäten und Volksbildungseinrichtungen wird das Ideal des *radically responsible tourist* im ganzen Land praxisnah vermittelt. Die Workshops sind für zehn bis maximal 15 Personen gedacht und dauern bis zu acht Stunden. »Wir sagen den Teilnehmern nicht, was sie tun oder nicht tun sollen«, berichtet Paweł Cywiński, »sondern wir ermuntern sie, sich Fragen zu stellen, die wir dann in der Gruppe diskutieren.« So wird etwa für ethische Fotografie sensibilisiert, welche auf Menschen, aber auch auf die in den Bildern festgehaltene Kultur nicht ausschließlich als rustikale Fotomotive, Objekte und Lokalkolorit herabsieht, sondern ihnen auf Augenhöhe begegnet; sich um Verständnis bemüht.

Das durchaus hochgesteckte Ziel ist die Schulung eines postkolonialen Blicks. Derzeit sind Paweł Cywiński, Marysia Złonkiewicz und ihr Team gerade dabei, das Projekt *Post-Turysta* in einen permanenten interdisziplinären Thinktank umzuwandeln. Über 20 Expertinnen und Experten sollen regelmäßig eingebunden sein, eine landesweite öffentliche Kampagne ist geplant, eine eigene Radiosendung in einem landesweiten Programm und auch weitere, unterschiedliche Workshops – etwa ein Modul, das sich dezidiert an Reiseblogger richten soll: »How to describe the world in a postcolonial way«.

Durchschnitts-Punkte Dubai, pro Tag

Die Texte auf *www.post-turysta.pl* sind derzeit ausschließlich polnisch. Google Translate liefert auch mir höchstens eine Ahnung davon, wovon die einzelnen Essays handeln. Doch auch in anderen Publikationen lässt sich nachlesen, dass es den jungen Forschern um keinen Wischiwaschi-Ansatz geht oder ums Wiederholen langweiliger Klischees und Binsenweisheiten wie die Müllvermeidung beim Reisen oder Respekt für lokale Bräuche und Sitten. In einem englischsprachigen Text für die Warschauer Hipster-Zeitschrift *Fathers* hat Paweł Cywiński das post-touristische Konzept des *radically responsible tourist* vorgestellt. Darin mahnt er durchaus Konsequenz ein.

Was vielleicht nicht wirklich überrascht, in der Praxis bislang aber trotzdem wenig Anwendung findet, ist der

Versuch einer Lösung des Dilemmas Fliegen. Cywiński beschreibt diesen am Beispiel seines eigenen Flugs nach Indonesien: »Wollten wir zu allen anderen Mitbürgern auf der Welt fair sein, müssten wir nach so einem Flug aufhören, Maschinen zu benützen und uns für ein Jahr als Vegetarier in eine Hütte zurückziehen.« Aufs Reisen zu verzichten, kommt einem Vielreisenden wie Cywiński natürlich trotzdem nicht in den Sinn. Sein Lösungsansatz: »Wenn wir wirklich verantwortungsvoll an unsere Urlaubsdestinationen fliegen wollen, dann bleibt uns nichts anderes übrig, als zur Kompensation der dabei ausgestoßenen Treibhausgase auch Bäume zu pflanzen.« Das dauert allerdings, wie er ausführt: Allein für seinen eigenen Flug nach Indonesien und wieder zurück gehörten elf Eichen gepflanzt, die für den Rest seines Lebens wachsen müssen – denn erst nach 50 Jahren ist sein längst vergangener Flug kompensiert.

In eine ähnliche Richtung geht auch eine Empfehlung von *Tourism Watch*: Weil besonders Kurzstreckenflüge die Umwelt überproportional belasten, da für Start und Landung ungleich mehr Energie verbraucht wird, fordert die NGO-Arbeitsgruppe: »Fliegen Sie seltener und bleiben Sie länger vor Ort.« Eine Faustregel wird uns zur Orientierung gleich mitgeliefert: »Für einen Flug bis 2000 km Distanz sollten Sie mindestens acht Tage bleiben, über 2000 Kilometer mindestens 14 Tage.«

Es ist also allemal besser, sich alle zwei, vielleicht drei Jahre eine besondere Fernreise zu gönnen, dafür auch Urlaubszeit anzusparen und einen längeren Zeitraum einzuplanen – und es sich dazwischen in der näheren Umgebung gut gehen zu lassen und Städtetrips nicht drei Mal im Jahr durchzuführen, sondern vielleicht ein Mal etwas länger und dafür die Zugfahrt selbst als Erlebnis zu gestalten.

Den allerbesten Beweis dafür, dass auch zwischendurch und in allernächster Umgebung Aufregendes möglich ist, liefert der britische Abenteurer Alastair Humphreys mit den von ihm propagierten »Microadventures«. Diese Mini-Abenteuer bewerben das Besondere in Alltagsreichweite. So ein Mikro-Abenteuer ist nah von zu Hause möglich, billig, einfach, kurz und sehr effektiv – was den Erholungswert angeht. Humphreys Zugang ist gleichermaßen banal wie genial: »Wir definieren uns über unsere Nine-to-Five-Jobs. Aber was ist mit dem Five-to-Nine?« Eben. Seine Schlussfolgerung: Raus aus der langweiligen Komfortzone! Entdecke was Neues – das ist auch übers Wochenende oder nach Feierabend möglich. Anregungen ohne Ende liefert er in seinem Buch *Microadventures. Local Discoveries for Great Escapes*. Diese beschränken sich keinesfalls auf Großbritannien, sondern lassen sich weltweit in die Tat umsetzen.

Im Grunde brauchst du dich ohnehin nur deiner Fantasie hingeben und dich auf das Kind in dir besinnen. Also: Spring in einen Fluss! Schlaf unter den Sternen! Geh mit der Hängematte in den Wald und übernachte im Freien! Koche über offenem Feuer, möglichst einfach! Geh barfuß im Sommerregen spazieren! Triff dich mit deinen Freundinnen nicht im Café, sondern zum Picknick auf einer Lichtung oder am Hügel!

Mit all diesen möglichen Abenteuern im Kopf ist es wahrscheinlich, dass dir – Emirat-Faszination hin, Schlechtwettertristesse her – die grellen Annehmlichkeiten, mit denen uns Dubai an die Sonne lockt, schlicht als öd und langweilig erscheinen. Je länger ich selbst darüber nachdenke, desto mehr lichten sich die Nebel, desto klarer wird jedenfalls mir: Dubai steht so ziemlich für das genaue Gegenteil dessen, was ich mir als Reisender erwarte.

Freilich ließe sich die Geschichte von Dubai auch anders, vielleicht sogar post-touristisch erzählen. Ein essayistischer Reiseführer mit einem Titel wie *Dubai für Marxisten* wäre wohl auch für Nicht-Marxisten interessant. Statt mit klimatisiertem Glamour und Bling-Bling den herrschenden Klans in die Hände zu spielen, könnte er helfen, das –

mutmaßlich – *richtige* Dubai zu entdecken, und an jene Orte führen, die *Motivate Publishing* bewusst nicht zeigt: das Dubai der Dienenden und Geknechteten, auf deren Rücken die neureich glitzernde Wellnesswelt fußt.

Sogar als Vorbild könnten wir uns Dubai hernehmen – wenn wir uns nicht von seiner Verschwendungssucht blenden lassen, sondern es möglichst nüchtern als Blaupause für das Menschenmögliche nehmen: für unsere Fähigkeit, selbst unter widrigsten Umständen schier Unglaubliches bewerkstelligen und unbewältigbar scheinende Probleme lösen zu können. Hello Tomorrow!

Tipps

Durchwegs alltags- und wochenendtauglich sind die Abenteuer, die der Brite Alastair Humphreys in seinem Buch *Microadventures. Local Discoveries for Great Escapes* (erschienen bei HarperCollins) propagiert.

www.alastairhumphreys.com

Tipps für verantwortungsvolles Reisen stellt *Tourism Watch* in der kostenlosen Broschüre *Fair Reisen mit Herz und Verstand* zur Verfügung. Anregend ist der darin enthaltene Fragenkatalog (»Habe ich noch Raum für Unvorhergesehenes? Für Begegnungen und Gespräche? Wie viel Zeit habe ich für mich selbst? Wie viel Zeit will ich mir nehmen, mich auf Orte und Menschen einzulassen?«). Manche der Tipps sind nicht nur praktisch, sondern auch überraschend, etwa: »Begegnen Sie auch fliegenden Händlern am Strand mit Respekt. Sie versuchen, den Lebensunterhalt für sich und ihre Familien zu verdienen. Reagieren Sie nicht genervt auf vielleicht anfangs penetrant wirkende Verkaufsansprachen.« Bestellung einfach per Mail an *tourism-watch@brot-fuer-die-welt.de*

www.tourism-watch.de

Das Konzept des Post-Tourismus wurde von jungen Wissenschaftlern im Umfeld der Universität Warschau entwickelt. Gedankliche Basis ist die Idee eines *radically responsible tourist*, der seine postkoloniale Brille ablegt und unterwegs konsequent auf Umwelt und Soziales achtet. Das interdisziplinäre Projekt publiziert nicht nur Essays zum Thema, sondern organisiert, unterstützt vom polnischen Außenamt, unter anderem auch Workshops an Schulen und soll zum Thinktank ausgebaut werden. Auch EU-Support und eine Übersetzung der Texte wären durchaus wünschenswert. Vorerst liefern immerhin die holprigen Übersetzungen von Google Translate eine Ahnung, worum es in den einzelnen Essays geht.

www.post-turysta.pl

Im Arbeitskreis Tourismus & Entwicklung, koordiniert in Basel, kooperieren zahlreiche – kirchennahe – Deutsche, Schweizer und Liechtensteiner NGOs. Auf der Website werden Tipps, Checklisten, aber auch Anregungen zum Thema »Auszeit im Alltag« angeführt.

www.fairunterwegs.org

Klimabewusstes Fliegen – das ist das große Thema der gemeinnützigen GmbH Atmosfair mit Sitz in Bonn. Hervorgegangen aus einer Arbeitsgruppe des Forum Anders Reisen (*www.forumandersreisen.de*) und der Entwicklungsorganisation German Watch, ermöglicht das Unternehmen unter anderem die Klimakompensation von Flugreisen.

www.atmosfair.de

Im Grunde ist es ein recht klassischer Ansatz, den die Klima-Kollekte, ein kirchlicher Kompensationsfonds, als diesseitige Dienstleistung anbietet: Sie berät Einzelpersonen wie Unternehmen und Institutionen bei der »Optimierung« der Emissionen aus Flugreisen und Stromverbrauch, ermöglicht unkompliziert Kompensationszahlungen und stellt als Spendenquittung ein Zertifikat aus. Das Geld wandert in den kirchlichen Fonds und wird beispielsweise in Indien in Solar- und Biogasprojekte investiert, die helfen, Treibhausgase einzusparen.

www.klima-kollekte.de

Das Thema Voluntourism – also Freiwilligenarbeit im Urlaub – ist heikel, weil mittlerweile auch fragwürdige Anbieter den drängenden Sinnstiftungswünschen vieler Menschen mit Urlaubs- wie moralischem Anspruch nachkommen und gegen Bares unbezahlte Arbeit vermitteln. Wie so oft ist dabei gut gemeint nicht immer gut. In meinem Buch *Ein guter Tag hat 100 Punkte … und andere alltagstaugliche Ideen für eine bessere Welt* widme ich ein ganzes Kapitel dem Thema Voluntourism. Die gemeinnützigen deutschen Biosphere Expeditions haben eine Checkliste zusammengestellt, worauf du als Voluntourist achten solltest. Die Teilnehmer der Biosphere Expeditions finanzieren durch ihre Reisebeiträge und ihren handfesten Wildlife-Einsatz Forschungsprojekte in Weltgegenden, in welchen auf Umwelt- und Artenschutz üblicherweise wenig Wert gelegt wird. Nicht nur nach Sumatra (Tiger), in die Slowakei (Luchs, Wolf, Bär) oder auf die Malediven (Wale, Haie, Korallenriffe) führen die mehrwöchigen Forschungsreisen, sondern neuerdings via Dubai auch in die Vereinigten Arabischen Emirate (arabische Oryx-Antilope, Wüstenfuchs, Wildkatze).

www.biosphere-expeditions.org

Bestell online

Geduld ist mehr denn je eine Tugend, gerade beim Einkaufen im Netz. Jede Online-Order, die gleichzeitig verhindert, dass du selbst im Laden vorbeischaust, spart durchschnittlich sechs Autokilometer. Schaffst du es, der *Sofortness* zu entsagen, und »brauchst« Dinge nicht *asap* geliefert, dann ist so ein Online-Einkauf unterm Strich ökologisch auch richtig sinnvoll. Wirklich wegweisend wäre, wenn du dabei den Leitsatz »Fahr nicht fort, kauf online im Ort« beherzigst.

Seit ein paar Jahren schon bestelle ich meine Bücher bevorzugt über das Internet. Neben Neuerscheinungen sind das meist ausgefallenere Publikationen, manchmal auch englischsprachige Titel, welche lagernd zu halten sich selbst für einen besser sortierten Buchladen kaum lohnen würde. Dort unangemeldet vorbeizuschauen – das weiß ich –, wären deshalb leere Kilometer für mich. Doch ein Mail an meine bevorzugte Buchhändlerin reicht aus, und meist gibt sie tags darauf Bescheid, dass die Ware – ja, weniger als ein, zwei Kilo Bücher kommen mir selten nach Hause – abholbereit wartet.

Schaffe ich es einmal nicht, persönlich bei ihr vorbeizuschauen, bringt sie ein Paket zur Post. Einmal, als es wirklich eilig schien, schlug sie sogar vor, einen Fahrradboten vorbeizuschicken. So dringend war es dann aber doch nicht. Und handelt es sich bei meinen Sonderwünschen um ein vergriffenes Buch – was gelegentlich vorkommt –, dann bemüht sich meine Buchhändlerin, dieses für mich aufzustöbern. Wird sie fündig, dann meldet sie sich und fragt nach, ob ich den verlangten Preis auch wirklich zu zahlen bereit bin. Schließlich unterliegt Antiquarisches nicht mehr der Buchpreisbindung und die Nachfrage bestimmt den Preis – der bei knappem Angebot schon einmal bedeuten kann, dass ich dankend verneine.

Nichts gegen Amazon. Nichts gegen E-Books. Aber ich möchte diese Annehmlichkeit und die persönliche Betreuung ebenso wenig missen wie meine Privatbibliothek, die ich höchstens dann verfluche, wenn es ans Abstauben geht. Und eines habe ich in den bald zehn Jahren, die ich auf diese Weise Bücher kaufe, gelernt: dass der eine oder andere Tag mehr, den ich auf ein Buch warte, vollkommen egal ist. Wirklich: vollkommen.

Zur Überzeugung, dass diese Form der Geduld womöglich gar eine Tugend darstellt, bin ich nach einem Gespräch mit Efrem Lengauer gelangt. Lengauer ist ein kluger Mann, der sich am Logistikum der Fachhochschule Steyr der angewandten Distributionslogistik und Materialflüssen widmet. Das klingt trocken, ist allerdings höchst spannend und jedenfalls ein Bereich, in dem dieser Tage im wahrsten Sinne so richtig die Post abgeht. Weil gerade die Weichen dafür gestellt werden, wie wir alle in Zukunft einkaufen werden – und in welchem Verhältnis der klassische stationäre Handel und der Onlinehandel zueinander stehen.

6 km im VW Golf
1.6 TDI BlueMotion

Dass Online dabei die Welt, wie wir sie gewohnt waren, weiterhin verändern und vorantreiben wird, darüber herrscht weitgehend Einigkeit unter Experten unterschiedlichster Branchen. Seit Längerem schon bereiten sich überall auf der Welt Supermarktbetreiber auf den Markteintritt des Giganten unter den Gemischtwarenhändlern in ihr angestammtes Gebiet vor. Denn in Kalifornien liefert Amazon unter dem Namen »Amazon Fresh« bereits seit einiger Zeit mittels Kleinlastwägen online bestellte Lebensmittel aus, die noch am selben Tag geliefert werden. Und nach dem schnellen Lieferdienst von »Amazon Prime« wurde mit »Amazon Flex« – vorerst auf Seattle, Dallas, Miami, Las Vegas und einige weitere US-Städte beschränkt – bereits ein nächster Schritt unternommen: Privatpersonen sollen im eigenen Auto Lieferfahrten durchführen. Der Verheißung für diese neuartigen Lieferanten, mit dem eigenen Vehikel schnelles Geld zu machen, steht die Versprechung für Kunden gegenüber, dass die Ware binnen zwei Stunden nach Bestellung ankommt. Bei Zalando, das längst vom einfachen Online-schuhhändler zum größten europäischen Modeversand aufgestiegen ist, denkt man gar darüber nach, ob und wie es sich bewerkstelligen lässt, binnen dreißig Minuten zu liefern.

Kein Wunder, dass lokale Läden da unruhig und die großen Platzhirsche vorsorglich aktiv werden. Rewe etwa bietet in Deutschland bereits in 70 Städten an, online Bestelltes nach Hause zu liefern. In Österreich bewirbt die zur Rewe-Gruppe gehörende Supermarktkette Billa nunmehr mit Nachdruck ihren Online-Shop. »Heute bestellt, morgen geliefert«, heißt es auf den Flyern, die 6000 gelistete und unter Einhaltung der Kühlkette »schnell und behutsam« per Botendienst zugestellte Produkte anpreisen. Wer bis 10 Uhr vormittags seine Order abgibt und in einer der »Kernzonen« des Dienstes wohnt, kann seinen Einkauf sogar noch am Abend desselben Tages entgegennehmen.

6 km im BMW Gran Turismo F07 535i

Die Handelsunternehmen reagieren mit solchen Angeboten wohlgemerkt nicht wirklich auf vorhandene Nachfrage, sondern versuchen eher, ihren Mitbewerbern und der sich ankündigenden Konkurrenz ein paar Schritte voraus zu sein und bei uns einen gefühlten Bedarf fürs »Schneller! Rascher! Jetzt!« zu schaffen. *Sofortness* nennt die Fachwelt diesen Trend – weil es für barsche Dringlichkeit offenbar keine bessere Vokabel gibt als das deutsche »sofort« mit seinem mitschwingenden Befehlston. Da wirst du als Kunde nicht wie ein König behandelt, sondern du *bist* Chef, ey!

Zumindest ein Teil der Kundschaft könnte sich freilich auch vom ganz bewussten Gegenteil der Sofortness angesprochen fühlen. Angebote für Geduldige sucht man bislang im Onlinehandel vergebens. Dabei könnte man sie guten Gewissens ein wenig günstiger gestalten – schließlich sind die flinken On-Demand-Botenfahrten der Sofortness nicht gerade billig.

»Ich unterstelle, dass kein Mensch eine Zustellung am nächsten Tag braucht«, meint Efrem Lengauer. Vom ökologischen Standpunkt aus betrachtet, machen viele Onlinehändler nach Ansicht des Logistikprofessors einen fatalen Fehler: Sie bewerben nur die raschen »Prime«-Lieferdienste als besonders attraktiv. Das »Standard«-Service sinkt dagegen fast zwangsläufig ab. Wer fühlt sich schon gern durchschnittlich und wird gerne standardisiert bedient? Dabei könnten findige Händler ihrer Kundschaft gerade durch stressfreies Slow-Shopping ein gutes Gefühl geben. Lengauers Empfehlung: »Bei den Bestellfeldern in der Eingabemaske einfach ein Häkchen vorsehen, das beim Anklicken sinngemäß vermittelt: ›Fünf Tage der Umwelt zuliebe – ich warte gerne‹.« Es spricht auch gar nichts dagegen, ein solches Angebot beim Anbieter deines Vertrauens einzufordern. Hilf ihm bei der Entdeckung der Langsamkeit! Ernst gemeinter Nachfrage verweigern sich schließlich die wenigsten Unternehmer.

Bestehst du nicht auf Sofortness, dann spricht nämlich gar nichts dagegen, dass du deine Einkäufe übers Netz erledigst. Ökologisch wäre das sogar begrüßenswert. Das hat Efrem Lengauer mit seinem Team am Logistikum herausgefunden. Im Auftrag des österreichischen Bundesministeriums für Verkehr, Innovation und Technologie (BMVIT) führte Lengauer unterschiedliche verfügbare Daten über unser aller Einkaufsverhalten und bevorzugte Verkehrswege zusammen. Neben über 1000 Kunden wurden dafür im Jahr 2015 auch zahlreiche Branchenkenner und die wichtigsten Handelsunternehmen befragt. Billa, die Drogeriemarktkette dm und IKEA brachten ihre Expertise ebenso ein wie Thalia und der Weltbild-Verlag. Der Paketdienstleister DPD arbeitete ebenso zu wie General Logistics und die Österreichische Post AG. Zudem wurden auch prognostizierte Entwicklungen – also etwa ein wahrscheinliches Zurückgehen am Buchmarkt, weil immer mehr E-Books gekauft werden – und der generell erwartete Zuwachs beim Onlinevolumen berücksichtigt.

Das Ergebnis – die aufwendige *eComTraf*-Studie über die Auswirkungen von E-Commerce auf das Gesamtverkehrssystem – ist eindeutig: Insgesamt trägt der Onlinehandel dazu bei, unser Verkehrsaufkommen zu verringern. »Ein Onlineeinkauf reduziert die durchschnittliche PKW-Verkehrsleistung der Kunden um 7,2 Kilometer und senkt den damit verbundenen CO_2-Ausstoß um über 1000 Gramm«, so die Studie. Weil freilich auch die Zustellung fast durchwegs motorisiert passiert, sorgt jede Onlineorder auch seitens der Lieferanten für Verkehrsaufkommen. Im Schnitt sind das aber pro Zustellung nur 1,2 Kilometer. Bleibt unterm Strich eine Differenz von –6, also sechs eingesparten Kilometern.

Die Gleichung *–7,2 km + 1,2 km = –6 km* geht allerdings nur deshalb auf, weil die Zustelllogistik überaus effizient funktioniert. Durchschnittlich 200 Pakete hat ein Zusteller derzeit beim Ausliefern im Laderaum. Je ausgelasteter ein Lieferwagen, je mehr Stopps pro Fuhre, je weniger leere Kilometer, umso sinnvoller. Je weniger Fahrten, desto umweltverträglicher. Beharrst du allerdings auf Sofortness und bestellst *Prime* oder *Same Day*, dann bedeutet das, dass ein Lieferwagen nicht abwarten kann, bis er gut gefüllt ist, sondern dass er gleich losfährt. Im schlimmsten Fall bricht er fast leer auf und stellt einzig deine Bestellung zu. Dann ist die Einsparung gleich null.

Das gilt nicht nur für Sofortness, Same Day und Prime – auch einige andere Trends drohen die Ökobilanz des Handels massiv zu verschlechtern. Etwa das sogenannte Showrooming: Dabei werden Produkte in klassischen Läden präsentiert und schick inszeniert, vom Kunden vor Ort gekauft und bezahlt – und anschließend *Same Day* zugestellt. Solch ein Einkauf führt im schlimmsten und durchaus einkalkulierten Fall zu zwei PKW-Fahrten: der des Kunden und jener des – höchstwahrscheinlich schlecht ausgelasteten – Lieferanten.

»Nicht jeder Onlinekauf bringt eine Reduktion der Verkehrsleistung mit sich«, meint daher Lengauer. »Eine generelle, allgemeingültige Aussage, dass der Onlineeinkauf ökologisch besser ist, wäre unredlich und seriös nicht möglich. Es kommt ganz stark auf die Art der Zustellung an beziehungsweise darauf, wie ein Paket abgeholt wird.«

Selbst Sofortness ist deshalb nicht in jedem einzelnen Fall ökologisch fahrlässig. Kommen etwa in Ballungsräumen Fahrradboten oder elektronische Lastenräder zum Einsatz, dann sieht die Sache gleich wieder anders aus. In Österreich betreibt Veloce, ein ehemals als urbaner Fahrradbotendienstleister bekannter Kurierdienst, mittlerweile eine gemischte Flotte aus Rädern, E-Cargo-Bikes, Caddies, Bussen und Kleintransportern. 200 Fahrer sind täglich auf den Straßen unterwegs, die Hälfte davon inzwischen auch außerhalb des einstigen Stammgebietes Wien. »Die Zahl steigt und wird in den nächsten Monaten und Jahren weiter stetig steigen«, gibt sich Geschäftsführer Paul Brandstätter sicher. Für stetes Veloce-Wachstum sorgt das neue »Shopcourier«-Service: Kunden bestellen online und bekommen Same Day *und* klimaneutral zugestellt.

Abendsonne genießen

Gärtnern

In den sechs größten Städten Österreichs bietet etwa Thalia seinen Kunden bereits seit dem Vorweihnachtsgeschäft 2014 die schnelle Zustellung an. Diese wählen ein Zeitfenster von 90 Minuten, innerhalb dessen die gekauften Bücher, Spiele und dergleichen geliefert werden – selbst spätabends und an Wochenenden. Auch die Parfümeriekette BIPA, Teil der Rewe-Gruppe, arbeitet in Ballungsräumen mit Veloce-Kurieren. Media Markt und Saturn konnte Brandstätter ebenfalls bereits als Partner gewinnen.

»Wir haben ausgerechnet, dass wir etwa beim privaten Kauf einer Waschmaschine 60 bis 90 Prozent besser unterwegs sind, als wenn ein privater Einkäufer selbst für den Transport sorgt«, meint Brandstätter. »Das liegt einzig daran, dass wir jede Fuhre logistisch wie ökologisch optimieren.«

Insgesamt werden die Shopcourier-Services überwiegend für kurze und mittlere Distanzen genutzt – also ideal für Lastenräder. »Wir sind bei diesem Projekt mit der Anzahl der Fahrten bereits weit im dreistelligen Bereich. Täglich«, freut sich der Lastenlogistiker. Und er ist insgesamt optimistisch: »Eigentlich ist die technische Entwicklung erst ausständig, da wird sich schon bald einiges tun.«

Efrem Lengauer sieht in solchen Services eine Riesenchance gerade auch für regionale Unternehmen, den klassischen Handel mit dem Online-Geschäft zu verbinden. Denn: »Eine Zustellung binnen 90 Minuten aus dem Zentrallager in Dresden wäre meist nicht einmal mit dem Helikopter möglich.« Soll heißen: Amazon kann da nicht mithalten, wahrscheinlich nicht einmal mit den zu Propagandazwecken alle Jahre wieder im Weihnachtsgeschäft angekündigten Transportdrohnen.

Ein Buch lesen

Nicht nur die Lieferung mit dem Helikopter wäre höchst ineffizient. Auch dein Auto kannst du dir womöglich sparen, es verkaufen und abmelden. Klar, am Land sieht die Sache anders aus. Aber in der Stadt? Auch in meinem Freundeskreis gibt es passionierte Stadtmenschen, die ihr eigenes Auto zwar prinzipiell als Klotz am Bein empfinden. Sie halten dann aber vor allem aus zwei Gründen daran fest: für Ausflüge und Landpartien an Wochenenden – und für den Fall, dass sie einmal Größeres zu transportieren haben. Wenn du aber deine Einkäufe online erledigst und dir speziell Sperriges zustellen lässt, dann erleichtert dir das zumindest in Hinblick auf einen dieser Gründe, gleich ganz ohne Auto auszukommen.

Schach spielen

Gerade wenn du künftig öfter online einkaufst: Du solltest dabei nach Möglichkeit Händler in der unmittelbaren Umgebung bevorzugen. *Fahr nicht fort, kauf online im Ort* – das kannst du durchaus als Leitsatz beherzigen. Nicht zuletzt sorgt jeder einzelne Laden für Arbeitsplätze. Wer sich hingegen von Fachhändlern im Laden beraten lässt, dann aber beim günstigsten Anbieter im Netz kauft, handelt ganz klar unmoralisch und agiert unfair. Den Mehrpreis im Laden rechtfertigen schließlich sowohl die Mietpreise des Geschäftslokals als auch das Wissen und die Anwesenheit des Fachberaters – beides wurde in diesem Fall in Anspruch genommen. Wie gesagt: Ich möchte die Annehmlichkeit kundiger persönlicher Betreuung keinesfalls missen.

Nicht nur Geduld ist beim Online-Einkauf eine Tugend. Zurückhaltung solltest du auch üben, was das Zurückschicken angeht. Denn jede einzelne Retoure macht die vorhin beschriebene Rechnung *–7,2 km + 1,2 km = –6 km* hinfällig, weil durch zurückgeschickte Pakete klarerweise zusätzliche Transportwege in die Verkehrsbelastung mit eingerechnet werden müssen. Mäßigen werden wir uns da weitgehend selbst müssen; Unterstützung vom Handel wird es eher nicht geben. Oft profitieren die Händler nämlich gerade von den maßlosen Powershoppern am meisten. »Die Wahrheit ist: Kunden, die viel zurückschicken, sind die rentableren. Wir haben das untersucht: Wer viel retourniert, ist loyaler, kauft wieder«, gesteht Robert Gentz, Geschäftsführer von Zalando, im Interview mit dem *Tagesspiegel*.

Obwohl bei Zalando an die 85 Prozent aller bestellten Produkte zurückkommen, bekennt Gentz: »Die Retourquoten sind uns egal.« Vom *Tagesspiegel* auf die Kosten für die Retouren angesprochen, rechnet er diese mit den hohen Immobilienmieten der Boutiquen und mit den Angestellten gegen, welche die stationäre Konkurrenz zu zahlen habe: »Schicke Läden in Innenstadtlagen und Personal, das Pullover aus Umkleidekabinen einsammelt, faltet und zurücklegt, gibt es auch nicht umsonst.« Während Amazon schon einmal Konten von Kunden, die besonders viel retourniert hatten, zur Abschreckung gesperrt hat, denkt man bei Zalando nicht daran. Möglich macht diesen verschwenderischen Umgang mit Kilometergeld auch der klare Fokus auf eine Branche mit absurd hohen Margen und niedrigsten

Produktions- und Einkaufspreisen. Worauf Gentz durchaus stolz zu sein scheint: »Der Modemarkt ist der größte Einzelhandelsmarkt weltweit. Auch der mit den höchsten Margen. Darauf konzentrieren wir uns.« Würde Zalando überwiegend Produkte vertreiben, die zu fairen und ökologisch vertretbaren Bedingungen hergestellt werden und nicht aus Billigstlohnländern stammen, dann sähe auch diese Rechnung wohl anders aus.

Andererseits sind gerade Green Fashion oder die Kollektionen kleinerer Labels selten flächendeckend verfügbar. Hast du nicht temporäre Verkaufsmessen wie *Heldenmarkt* oder auch *Fesch'Markt* in Reichweite, dann bist du fast gezwungen, Schmuck und Gewand im Netz zu kaufen. Und für die Labels selbst ist gerade der Direktversand oft entscheidend, um abseits des Massenmarkts bestehen zu können. Überlegst du selbst, eigene Kreationen online zu vertreiben, dann versuche, deine Produkte bestmöglich zu beschreiben. Je genauer etwa Größe, Farbe und Schnitt beschrieben sind, desto eher lässt sich dem mühsamen Hin und Her vorbeugen. Ganz vermeiden wird es sich allerdings nicht lassen.

Wenn die Verfasser der *eComTraf*-Studie in ihrem abschließenden Resümee schreiben, dass es »sinnvoll erscheint, Lösungen für den Paketempfang zwingend in die Bauvorschriften von Wohnhausanlagen beziehungsweise größeren Siedlungen zu integrieren«, dann sollte diese »Paketlösung« in Neubauten wohl nicht nur eine unkomplizierte Zustellung ermöglichen, sondern am besten gleich auch die Option *Return to Sender* mitdenken.

Und wenn wir künftig weniger Platz für nutzlos gewordene Autos benötigen, dann ließe sich in älteren Gebäuden womöglich auch die eine oder andere leer stehende Garage zur Packerlstation umfunktionieren.

Die Autorin Heike Geißler hat als prekäre Lagerarbeiterin beim weltweit größten Gemischtwarenhändler am eigenen Leib erfahren, was weniger qualifizierte Arbeit im 21. Jahrhundert auch in Deutschland heißen kann. In ihrem Roman *Saisonarbeit* (erschienen 2014 bei Spector Books) geht es aber weniger um Amazon selbst, sondern eher um die Logik und Logistik unserer gegenwärtigen Warenwelt und was sie für den Einzelnen bedeuten kann. Früher hätte man diesen Text wohl »Literatur der Arbeitswelt« genannt. Klingt antiquiert. Geißlers Roman ist aber einfach nur brennend zeitgemäß. Womöglich beeinflusst seine Lektüre, wo du in Zukunft online kaufst.

Unter dem Motto »Das Beste aus Wiesbaden bis an Ihre Wohnungstür« hat die Agentur Scholz & Volkmer das *Kiezkaufhaus* ins Leben gerufen. »Die Idee kam auf, als wir uns über den allgemeinen Lieferwahnsinn geärgert haben«, so die Betreiber auf der Website. »Allein 800 000 Pakete werden in Deutschland täglich retourniert – das entspricht einem Ausstoß von 400 Tonnen CO_2.« Mitmachen dürfen beim *Kiezkaufhaus* nur eigentümergeführte Geschäfte aus der Stadt; die via Online-Shop bestellten Waren – Food und Non-Food – werden per Fahrrad zugestellt. Derzeit noch eher ein lokales Experiment, soll das Modell auf längere Sicht auch für Betreiber in anderen Städten verfügbar gemacht werden.

www.kiezkaufhaus.de

Lass deine Sklaven frei

Vieles spricht dafür, moderat missionarisch zu sein: Telefoniere selbstbewusst mit dem *Fairphone* und gönn auch den Erntehelfern deinen Fairtrade-Kaffee. Sei lästig und hab keine Scheu davor, die Unternehmen hinter deinen liebsten Produkten und Markenartikeln zur Rede zu stellen. Denn für jeden Einzelnen von uns – auch für dich! – schuften irgendwo auf der Welt 25 Sklaven.

Wer sich an der Wiener Wirtschaftsuniversität am Automaten einen Kaffee runterlässt, kann dabei schon mal mit dem Seelsorger der Hochschule ins Gespräch kommen. Denn Helmut Schüller, sonst dem Kreis der moderaten Katholiken zuzuzählen, ist durchaus missionarisch unterwegs und beobachtet die Studenten. Am Koffeinautomaten haben sie nämlich die Wahl – zwischen konventionellem Kaffee und fair gehandeltem. »Ich frage manchmal nach, warum sie sich nicht für Kaffee aus fairem Handel entschieden haben. Da sind sie oft überrascht und antworten, der wäre zu teuer«, berichtet der Priester. »Wenn ich nachfrage, warum, dann wissen sie erst einmal gar nicht, um wie viel. Ich zeige ihnen das dann: fünf Cent bei einem Kaffee! Das ist verschmerzbar, auch für Studierende!«

Dass nicht der Fairtrade-Kaffee zu teuer, sondern der konventionelle um fünf Cent zu billig ist und bei seinem Anbau Erntearbeiter ausgebeutet und Produzenten geschunden werden, das argumentiert Schüller mit einer Leidenschaft, als wäre er im Brotberuf gemeinnütziger Bohnenimporteur. Wer ihm zuhört, merkt gleich: Vom Sinn und der Notwendigkeit des fairen Handels ist Helmut Schüller durch und durch überzeugt. Und selbst wenn ihn einige der jungen Studenten nicht kennen – als streitbarer Pfarrer und ehemaliger Caritas-Präsident hat er es im Land zur Medienbekanntheit gebracht: Da spricht eine moralische Instanz.

Einer, dem es die meisten gerne nachsehen, wenn er sie unerwartet mit ethischen Ausführungen behelligt.

Wie viele Wirtschaftsstudenten durch den katholischen Seelsorger zum allerersten Mal mit dem Prinzip des fairen Handels konfrontiert wurden, wissen wir nicht. In die Lehrpläne aller wirtschaftlichen Studienzweige gehörte es jedenfalls fix aufgenommen – mitsamt praktischen Übungen und Kaffeeholen für Fortgeschrittene. Denn in einigen Branchen wächst der Fairtrade-Anteil konstant. Das Schokoladenbusiness dürfte er in ein paar Jahren sogar weitestgehend bestimmen. Bis 2020 – so die Selbstverpflichtung aller großen Hersteller – wollen die den Markt dominierenden Unternehmen ausschließlich nachhaltigen Kakao kaufen.

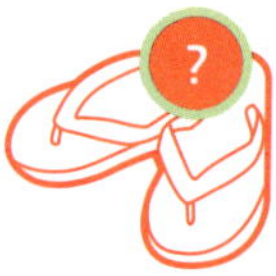

1 Paar Flip-Flops

Auch wenn in den Wirtschaftsnachrichten immer wieder von globalen Milchüberschüssen berichtet wird und Agraraktivisten nicht müde werden, faire Milchpreise gerade auch für europäische Produzenten zu fordern; auch wenn eine Preispolitik, welche es unseren Milchbauern erlaubt, wirtschaftlich zu überleben und dabei auch noch auf das Wohlergehen ihrer Tiere zu achten, ein politisches Ziel sein muss: Es ist historisch nachvollziehbar, dass das Fairtrade-Gütesiegel vor allem auf verpacktem Kaffee, Kakao, Tee und Orangensaft zu finden ist oder etwa auf Bananen klebt.

1 Paar Lederschuhe

Bei Fairtrade handelt es sich um den handfesten Versuch, Fehler des Kolonialismus zu korrigieren und die durch diesen hervorgebrachte Ungleichheit und Unfairness gegenüber den einstigen Kolonien zu beseitigen. Wie beim europäischen Kolonialismus selbst ist auch beim Versuch seiner Korrektur die religiöse Komponente nicht ganz unerheblich. »Die Fairtrade-Idee entstand in England und Holland kurz nach 1945, mit der Erfahrung der zurückgekehrten Kolonialbeamten. Die Initialzündung gab die Kaffeekrise der 1990er-Jahre, der Kaffeepreis ratterte in den Keller, weit unter die Produktionskosten. Es war besser, die Kaffeebohnen gar nicht zu ernten«, erinnert sich Hartwig Kirner,

Geschäftsführer von Fairtrade Österreich, im Interview mit der Wochenzeitung *Falter*. »Danach überlegte man sich, wie man für die Kaffeebauern gerechtere Bedingungen schaffen könnte. Es entstanden die ersten Weltläden, damals hießen sie Dritte-Welt-Läden. Kirchliche und nichtkirchliche Organisationen gründeten daraufhin nach europäischen Vorbildern Fairtrade Österreich. Man sah, wenn man in die Supermärkte will, braucht man eine Marke, die sich abhebt.«

1 Paar Stiefel

Ziel von Fairtrade war von Anfang an der Massenmarkt, das Konzept als Kampfansage an Ausbeutung in ihren unterschiedlichsten Ausprägungen gedacht. Denn auch, wenn uns das im Alltag vielleicht selten bewusst ist: Sklaverei ist im 21. Jahrhundert immer noch ein Geschäft und eine weitverbreitete Praxis. Selbst wenn die Zahlen auseinandergehen – je nach Quelle gibt es weltweit gegenwärtig zwischen 27 und 38 Millionen moderner Sklaven. Das sind deutlich mehr als die Bewohner Australiens und Neuseelands gemeinsam. Jeder und jede Einzelne davon ist eine geschundene Kreatur zu viel.

Neben einer fairen Bezahlung und Umweltschutz ist es ein wesentlicher Teil des Fairtrade-Koordinatensystems, für alle am Produktionsprozess Beteiligten vertretbare Arbeitsbedingungen zu ermöglichen. Das Verbot ausbeuterischer Kinderarbeit gehört demnach ebenso zur Grundvoraussetzung, dass ein Produkt Fairtrade-zertifiziert werden kann, wie das Verbot von Zwangsarbeit und die Garantie von Versammlungsfreiheit der Arbeitnehmer oder Kleinbauern. Für einfache, wenig verarbeitete Produkte oder Obst lässt sich das verhältnismäßig leicht garantieren. Denn die Zutaten für Schokolade, Kaffee und Orangensaft oder der Weg einer Banane bleiben überschaubar. Das gilt – so das den Herstellern ein aufrichtiges Anliegen ist – auch für Mode. Schwieriger gestaltet sich die Sache bei komplexeren Produkten, etwa bei Elektronik, wo eine Vielzahl von Komponenten aus unterschiedlichsten Weltgegenden zusammengeführt wird.

Am besten ersichtlich ist das am Beispiel des *Fairphone*, einem in den Niederlanden entwickelten Smartphone mit dem Anspruch, möglichst fair und auch ökologisch hergestellt zu sein. Mit Betonung auf »möglichst«. Denn auch ein paar Jahre nach Start des ambitionierten Projekts und nach 100 000 verkauften Geräten gestehen die Entwickler rund um Gründer Bas van Abel offen ein, bei einem Gutteil der dafür erforderlichen Materialien letztlich nicht garantieren zu können, woher diese wirklich stammen. Fairness gibt es nur *step by step*, darüber geben die Niederländer auf ihrer Website transparent Auskunft. Immerhin sind in so einem Smartphone im Schnitt mehr als 30 Mineralien verarbeitet, von denen viele aus Kriegs- und Krisengebieten stammen. Wirre lokale Verhältnisse und die bekannte Praxis von Zwangs- und Kinderarbeit in den Minen machen es unmöglich, in solchen Fällen seriös von »fairer« Produktion zu sprechen. Handelt es sich demnach um *conflict-free*-Rohstoffe, also um Mineralien aus konfliktfreien Gegenden, dann ist das derzeit fast schon der Idealfall.

Ein wesentliches Argument für das Fairphone – abgesehen von den Bemühungen um transparente Lieferketten – ist übrigens, dass den Herstellern die Reparaturfähigkeit seiner Gadgets ein Anliegen ist. Im Gegensatz zu gängigen Konkurrenzprodukten etwa von Apple ist so ein Fairphone als langlebiges Gerät gedacht. Dass es in absehbarer Zeit kaputtgeht oder durch ständige Software-Updates rasch nicht mehr zu gebrauchen ist – Stichwort: geplante Obsoleszenz –, ist nicht von vornherein Teil des Vermarktungskonzepts.

Der Legende nach war es trotzdem ausgerechnet der mittlerweile verstorbene Apple-Chef Steve Jobs, der seinen Landsmann Justin Dillon auf die Idee brachte, seinen Protest konstruktiv zu kanalisieren. Anno 2008 rief der Songwriter und Politaktivist Dillon seine Mitmenschen dazu auf, Unternehmen, deren Erzeugnisse sie selbst schätzen, mit unangenehmen E-Mail-Anfragen zu den Arbeitsbedingungen ihrer

Zulieferbetriebe zu bombardieren – so konkret wie möglich, so gezielt wie machbar. So landete ein Schreiben Dillons auch bei Apple, direkt adressiert an Steve Jobs. Dillon wollte darin wissen, ob in Apples iPhone auch Tantal enthalten sei, ein seltenes Metall, das in der Elektronikindustrie eingesetzt wird und von dem man weiß, dass es unter anderem in afrikanischen Kriegs- und Krisengebieten abgebaut wird, wo in den Minen auch Zwangsarbeit üblich ist. Die Frage war also, ob über den Abbau von Tantal bei Apples Smartphone mit sehr hoher Wahrscheinlichkeit moderne Sklaverei mit im Spiel ist. Angeblich hatte Justin Dillon nach vier Stunden folgende Mail in seiner Inbox:

I have no idea. I'll look into it.
Steve
Sent from my iPhone

Egal, ob es sich bei dieser Anekdote um ein modernes Märchen, geschicktes Marketing oder bloß eine gut erfundene Geschichte handelt (ich habe versucht, Dillon anzuschreiben und ihn für ein Interview zu bekommen, habe von ihm allerdings auch nach einem halben Jahr noch keine Antwort erhalten ...): Dillon blieb hartnäckig und machte sich daran, nicht nur Unternehmen Fragen zu stellen, sondern auch zu recherchieren. Für die etwas mehr als 400 wichtigsten, weil beliebtesten und am weitesten verbreiteten Produkte wurde ermittelt, wo, wie und mit welcher Wahrscheinlichkeit beim Abbau oder der Erzeugung einzelner Komponenten Zwangsarbeit und Sklaverei üblich ist. Über einen komplexen Algorithmus und unter Mitarbeit von Mathematikern der Harvard University wurde eine Datenbank erstellt, die zeigt, wie viele Sklaven mindestens an einem bestimmten Produkt beteiligt sind.

Das Ergebnis dieser knochentrockenen Arbeit war die 2011 online gegangene und seither immer weiter ausgebaute Website *slaveryfootprint.org*. Darauf kann jeder anhand des eigenen Lebensstils, anhand seiner Produkte und Nahrungsmittel die Zahl der »eigenen« Sklaven ermitteln. Der Weg dorthin ist ein durchaus amüsantes Frage-und-Antwort-Spiel – mit recht ernüchterndem Ausgang. Das war bei mir nicht anders. Als ich mich vor ein paar Jahren das erste Mal für mich und meine beiden Kinder durchgeklickt habe, kamen wir zu dritt auf 50 Sklaven. Wie das?

Gut: Gold, Diamanten, Platin, Silber und Edelsteine fallen bei mir nicht ins Gewicht. Aber die technische Ausstattung tut es sehr wohl. Egal, ob du ein durchschnittlich digitalisierter »Regular Joe« bist oder ein »Gadget Geek«, der in seinem vollelektronischen Haushalt kein Update auslässt. Auch das Spielzeug der Kinder – von den Actionfiguren aus Plastik bis zum ferngesteuerten Auto oder zur Mini-Flugdrohne – oder Größe und Umfang der Garderobe, die Anzahl der Kleider, Jacken, Lederschuhe, machen einen Unterschied.

1 Paar Jeans
Levis 501

Oder Sportartikel. Wahrscheinlich legst du, wenn du Fußball, Basketball oder einen anderen Teamsport ausübst, Wert darauf, dass es auf dem Feld halbwegs fair zugeht und dass, wenn nicht, ein Schiedsrichter für Ordnung und Gerechtigkeit sorgt. Bei der Produktion des runden Kunstleders selbst ist das allerdings sehr, sehr selten der Fall. Fairness bleibt da eher ein Fremdwort. Oder, wie es auf *slaveryfootprint.org* in einem Feld neben der Kategorie »Soccer« aufpoppt: »In China arbeiten die Menschen in den Fußballmanufakturen bis zu 21 Stunden am Tag, Monat für Monat. Nicht einmal der allerhärteste Trainer würde das seinem Team abverlangen.«

Auch sonst sind die Beispiele plakativ – indem sie Bezüge zu unseren Alltagserfahrungen, unserer Lebenswelt und unserer persönlichen Geschichte herstellen: »Viele pakistanische Buben werden im Alter von 13 Jahren einem Arbeitsvertrag unterworfen, der gilt, bis sie 30 Jahre alt sind. Wenn diese Buben heute davon befreit werden, dann haben sie mit der Arbeit begonnen, als O. J. Simpson im weißen

SUV auf dem Freeway unterwegs war, als Bill Clinton seine erste Rede zur Lage der Nation hielt und als Justin Bieber geboren wurde.«

Wie gesagt: Ernüchternd. Wobei wir drei – meine Kinder und ich – mit unseren 50 Sklaven noch vergleichsweise gut dastehen. Mindestens 25 Sklaven halten sich die meisten von uns Westbürgern durchschnittlich. »Wir würden dir gerne sagen, welche Marken du kaufen kannst, um deinen Slavery Footprint zu reduzieren. Die Wahrheit ist: Wir können es noch nicht«, gestehen die Aktivisten von *Made in a Free World*, die hinter der Datenbank stehen, bei der Auswertung deiner persönlichen Daten.

1 Paar Jeans
Patagonia Organic

Deshalb sind die seit dem Launch von *slaveryfootprint.org* vielfach ausgezeichneten Aktivisten der NGO auch anderweitig aktiv geworden. Mit FRDM (kurz für »Forced Labor Risk Determination & Mitigation«) haben sie eine Software entwickelt, die es Unternehmen ermöglicht, in ihren eigenen Lieferketten jene Glieder aufzuspüren, in denen Sklaverei mit hoher Wahrscheinlichkeit ein Problem darstellt. Auch hier geht es um das »möglichst«, ein *step by step*. Denn die FRDM-Software soll nicht nur für das fiktive Beispiel von »Eli's Bike Shop« brauchbar sein, dessen erfolgreichen Gründer Eli die NGO in ihrem Imagevideo als vorbildlichen »21st century business man« vorstellt. Auch große Betriebe und Konzerne sollen mit FRDM arbeiten können. »Du kannst nicht alle 30 000 Lieferanten auf einmal wechseln«, zitiert das Magazin *Wired* Justin Dillon, der für das Projekt auch mit dem Softwaregiganten SAP kooperiert. »Aber wenn wir dir die Top Ten der Lieferanten nennen, auf die du fokussieren solltest, dann ist das ein guter Anfang.«

Einige Referenzen gibt es bereits. Etwa das aus dem kalifornischen Berkeley stammende Unternehmen Senda, das seine Fairtrade-Fußbälle mittlerweile als »the perfect ball« in aller Welt vermarktet. Das Manifest auf der Website von Senda liest sich als unmissverständliches Bekenntnis zu Fairtrade. Auch Cotopaxi aus Utah, ein Outdoor-Ausrüster, bekannt für seine Rucksäcke, Zelte, aber auch für funktionelle Kleidung, hat sich dem Label *Made in a Free World* verschrieben. Und auch CauseGear oder Yellow Leaf Hammocks, das handgeknüpfte Hängematten aus dem Norden Thailands importiert, garantieren als Teil der *Made in a Free World*-Bewegung, dass dabei nicht Sklaven Hand anlegen mussten.

Fußbälle, schicke Outdoor-Rucksäcke, Hängematten. Womöglich wirst du vorwurfsvoll sagen: Alles Luxus! Zeug, das sich Besserverdiener für ihren Lebensstil leisten können! Aber ja: Genau darum geht es. Niemand braucht billige Fußbälle. Auch die brauchbaren Bälle der unfairen Hersteller sind sauteure Marketingprodukte. Ein Outdoor-Rucksack ist kein Menschenrecht, und niemand, der nicht verdrängt, kann im Schatten zwischen Bäumen wiegend guten Gewissens ausspannen, wenn er weiß, dass seine Hängematte vielleicht von ausgebeuteten Kindern, Sklaven oder Leibeigenen geknüpft wurde. Dasselbe gilt für Actionfiguren, Flatscreens und letztlich jedes andere Produkt, das von »meinen« 50 Sklaven hergestellt wurde.

Jede achtsame Kaufentscheidung kann mithelfen, sie freizukaufen. Alle auf einmal, das wird sich nicht machen lassen. Aber eben *step by step* und – dem Beispiel Justin Dillons folgend – mit unangenehmen Mails, mit denen diese Schritte auch bei Unternehmen eingefordert werden. Denn die oft gehörte billige Ausrede, dass Missstände ja nicht das eigene Unternehmen, sondern bloß Zulieferer betreffen würden, darfst du den Konzernen als mündiger Konsument nicht mehr durchgehen lassen. Schließlich sind sie mit ihrem Preisdruck auf Lieferanten für die Arbeitsbedingungen ganz klar mitverantwortlich. Da darf es keine Ausreden mehr geben, keine argumentativen Ausflüchte.

Nichts von Boykottaufrufen und dem Zurschaustellen von Sündenböcken hält Zora Bachmann, die Direktorin des

Menschenrechtsfilmfestivals *This Human World*. Mit dem Konzept des »liebevollen Kapitalismus« kann die Wienerin genauso wenig anfangen. »Natürlich ist es gut, zum Beispiel auf Apple Druck wegen schlechter Arbeitsbedingungen auszuüben«, meint sie. »Aber oft handelt es sich bei den von Ausbeutung Betroffenen ja um illegalisierte Leute, die keinen legalen Aufenthaltsstatus haben und deshalb ausgeliefert sind, weil sie keine Wahl haben. Wir haben es letztlich immer mit politischem Versagen zu tun.«

Das beschränke sich dann auch nicht auf Bananenrepubliken oder afrikanische Diktaturen. Als Beispiel nennt Zora Bachmann den Spielfilm *Mediterranea*, in dem Regisseur Jonas Carpignano Flüchtlinge zum Aufstand führt: »Er zeigt anhand von Afrikanern, die illegalisiert in Sizilien arbeiten, was das heißen kann. Die Aufnahmen auf Orangenplantagen in Sizilien sind Bilder der Sklaverei. Der Plantagenbesitzer bleibt dabei eine ambivalente Figur, definitiv ein Mensch und kein Arsch. Er versucht im Rahmen des für ihn Möglichen ein guter, auch gerechter Chef zu sein. Seine Arbeiter leben als Illegalisierte zwar formal in einer Demokratie und in einem Rechtsstaat, sie können aber weder das eine noch das andere in Anspruch nehmen.«

Dass Zora Bachmann selbst in Utopien denkt, zeigt ganz schön der Seesack aus Stoff, den ihr Filmfestival zuletzt als Werbeartikel in Umlauf brachte: Darauf galoppieren auf schwarzem Leinen weiße Einhörner. Ratschläge für den Alltag abzugeben, fällt Bachmann schwer: »Sich politisch für Utopien einsetzen. Praktisch ist das alles schwer, weil die größten Hebel halt doch die politischen sind.«

Wie problematisch und höchst subjektiv sich mitunter Boykotte gestalten, darüber müssen Bachmann und ich lachen, als wir uns im Festivalbüro unterhalten. Die Festivaldirektorin kauft etwa keine Produkte der OMV (»wegen der Nähe des Konzerns zum iranischen Regime«). Ich hingegen bevorzuge beim Betanken meines Kleinwagens ganz klar die Zapfsäulen dieses Mineralölkonzerns gegenüber jenen seiner Mitbewerber. Weil ich von Freunden und Bekannten weiß, dass das Unternehmen seinen Mitarbeitern sehr gute Arbeitsbedingungen garantiert. »Ja, so ein Boykott dient dann oft doch nur der Befriedigung des eigenen Psychohaushalts«, gestehen wir uns ein. Unseren Umgang mit genanntem Unternehmen werden wir wohl dennoch beide beibehalten.

»Am ehesten bringt es noch etwas, zu lesen, andere Konsumenten aufzuklären und, wenn man sich's leisten kann, natürlich Bio- und Fairtrade-Produkte einzukaufen«, meint die Direktorin von *This Human World*. Moderat missionarisch ist schon okay, sind wir uns einig. Womit wir wieder beim »Möglichen« angelangt wären. Und bei Seelsorger Helmut Schüller, der seinen Studenten an der Wirtschaftsuni fünf Cent mehr für einen Becher Kaffee abverlangt.

Tipps

Die amerikanische NGO *Made in a Free World* hat sich dem weltweiten Kampf gegen »forced labour« und moderne Sklaverei verschrieben. Mit einer eigenen Software unterstützt man Unternehmen dabei, diesbezüglich problematische Glieder in deren Lieferkette zu ermitteln.

madeinafreeworld.com

Infotainment mit klarem Auftrag: In einer interaktiven Datenbank kannst du hier deinen persönlichen »Slavery Footprint« errechnen und herausfinden, für wie viele Sklaven dein Lebensstil verantwortlich ist.

www.slaveryfootprint.org

Werde Bürgermeisterin

Weil uns weder edle Empörung noch prinzipielle »Scheiß drauf!«-Haltung oder gar gleichgültiges Laisser-faire weiterbringen: Engagier dich! Werde in NGOs aktiv, gründe Bürgerinitiativen, oder besser noch: Geh gleich selbst in die Politik und überzeuge deine Mitmenschen da draußen – mit klugen Gedanken, Worten und Werken!

Du musst nicht Johann, Josef oder Franz heißen, um politisch etwas bewegen zu können. Womöglich schadet es aber nicht, einen dieser Vornamen im Pass zu führen – ganz gleich, ob sie dich im wirklichen Leben Hans, Joschi, Sepp oder Franzl rufen. Von den insgesamt 442 selbstständigen Kommunen Oberösterreichs werden seit der Gemeinderatswahl 2015 nämlich bloß 33 von Bürgermeisterinnen geführt, während 42 Häuptlinge auf Johann, 38 auf Josef hören und es ganze 35 Fränze gibt. Ja, kaum zu glauben, jeder Zehnte ein Johann! Diese beschämend witzige Gegenüberstellung kursierte kurz nach geschlagener Wahl als Balkendiagramm im Netz.

Ich habe mich bei meinen Recherchen auf Wichtigeres konzentriert, aber ich würde wetten, dass sich ähnlich aussagekräftige Statistiken auch für Bundesländer wie Brandenburg, Niedersachsen und Vorarlberg oder die Kantone Schwyz und Graubünden erstellen ließen – um willkürlich einige herauszugreifen. Klarerweise geht es mir hier und jetzt nicht darum, mich über weitverbreitete rustikal klingende Männernamen lustig zu machen, sondern einzig und allein um das eklatante Missverhältnis zwischen demokratisch in Führungspositionen gewählten Männern und Frauen. 442 Gemeinden, nur 33 Bürgermeisterinnen – da kann etwas nicht stimmen.

Bist du also kein Leser, sondern eine Leserin, dann wäre es umso wichtiger, dass du dich anschickst, die Sache selbst in die Hand zu nehmen. Und wenn ich in diesem Kapitel von Bürgermeisterinnen spreche, dann sind Bürgermeister dabei immer auch mitgemeint. Denn natürlich braucht die Welt gleichermaßen kluge Frauen wie Männer.

Es wäre von vielen Gründen, sich zu engagieren, schon einmal nicht der schlechteste, würdest du in die Politik gehen, um ebendieses Missverhältnis aus der Welt zu schaffen. Dinge, für und gegen die es sich zu kämpfen lohnt, gibt es aber ohnehin Ende nie. Weshalb ich auch erst gar keine anführe. Dieses Kapitel ist nicht dazu gedacht, groß auf einzelnen Themen herumzureiten – Anregung für nötiges Engagement, für Veränderungsbedarf und mögliche Hebel geben die anderen Kapitel hoffentlich genügend. Eher ist dieses Kapitel als grundsätzlicher Appell gedacht. Du sollst deinen Arsch hochkriegen, genau! Jammern und sudern, sich empören oder mit der Gesamtsituation unzufrieden sein, das kann jeder Depp. All das macht die Welt aber kein bisschen besser, weniger ungerecht oder lebenswerter.

»Der Schlüssel ist, sich politisch zu engagieren, sei es im Gemeinderat oder auf nationaler Ebene«, meint Jakob von Uexküll, der Gründer des Alternativen Nobelpreises und des World Future Councils, im Interview mit der *Süddeutschen Zeitung*. »Man muss mit den Parlamentariern sprechen, sie mit den richtigen Argumenten versorgen. Denn die anderen, die großen Unternehmen, die knappe Ressourcen so lange wie möglich für sich behalten wollen, tun genau das. Sie haben ihre Thinktanks und Vertreter in den Medien. Sie gehen zu jedem Parlamentarier und machen dort Lobbyarbeit. Wenn sich Menschen aus der Politik zurückziehen, dürfen sie eigentlich nicht über Umweltzerstörung und Klimawandel klagen. Denn sie haben es anderen überlassen, die Rahmenbedingungen zu bestimmen. Im alten Athen, der Wiege der Demokratie, wurde ein Mensch, der sich politisch nicht einbrachte, als Idiotes bezeichnet. Heute heißt es, man muss idiotisch sein, um in die Politik zu gehen. Das ist eine ausgesprochen gefährliche Haltung.«

Dabei lassen sich Dinge nirgendwo so einfach, unmittelbar und direkt verändern und zum Besseren kehren wie auf kommunaler Ebene. Und weil aller Anfang klein ist, ist er oft auch gar nicht sooo schwer. Selbst Alter und Erfahrung sind dabei nicht immer entscheidend. Mitunter zählt einfach die pure Überzeugungskraft des Einzelnen, dem es gelingt, andere mitzureißen und zu begeistern. »Politisch erfolgreich ist, wer möglichst authentisch ist, Visionen anbietet und dabei kompetent das Gefühl des Miteinander entwickelnd und umsetzend vermittelt«, heißt es im Band *Meine Gemeinde*, dem Handbuch für österreichische Gemeindepolitik, trocken. Beispiele dafür finden sich fast überall.

Ein beeindruckendes Exempel fernab aller Theorie ist das Engagement von Severin Mair. Mit seinen 22 Jahren wurde er 2015 zum jüngsten Bürgermeister Österreichs gewählt – und das in der 4000-Einwohner-Stadt Eferding, einer der ältesten Städte Österreichs. Schon in der Schule begann er sich für Politik zu interessieren, diskutierte mit Freunden – auch angeregt durchs eigene Elternhaus. Der Vater, ein Theologe, sitzt seit der Jahrtausendwende für die Grünen im Gemeinderat des damals sozialdemokratisch geführten Städtchens. Im Alter von 19 Jahren beschloss Sohn Severin, mittlerweile Student der Rechtswissenschaften an der nahen Uni Linz, sich selbst parteipolitisch zu betätigen.

»Ich wollte nicht mehr jammern, sondern selbst etwas tun«, erinnert er sich. Als seine »politische Heimat«, wie er es nennt, hatte er – vermutlich auch ein klein wenig in Abgrenzung zum grünen Vater – die christlich-soziale Volkspartei erkannt und kurzerhand die vor Ort eingeschlafene Jugendorganisation der Partei reaktiviert.

Als deren Obmann war es ihm allerdings rasch zu wenig, bloß Partys zu organisieren und den Freundeskreis zu politisieren. Er absolvierte Praktika bei der Landespartei, vernetzte sich und überzeugte durch seine Tatkraft bald auch die Altvorderen. Wobei auch die eigene Partei nicht glaubte, dass er wirklich zum Bürgermeister gewählt werden könnte, als ihn deren Vorstand im Jahr vor der anstehenden Wahl fragte, ob er bereit wäre, für dieses Amt zu kandidieren. »Ich war perplex und habe monatelang überlegt. Auch hielt keiner mein Antreten für aussichtsreich, weil die Sozialdemokraten seit zwölf Jahren erfolgreich den Bürgermeister stellten. Der Gedanke war eher, dass ich dadurch ungezwungen Erfahrung gewinnen könne«, erzählt Mair.

Doch die Idee ging anders auf als gedacht. Als der amtierende Bürgermeister im ersten Wahlgang nicht die von ihm als Wahlziel genannte absolute und eindeutige Mehrheit als Bestätigung seines Wirkens erreichte, blieb der Sozialdemokrat konsequent, verzichtete selbst als Erster auf eine Stichwahl und legte seine Kandidatur nieder. Womit plötzlich der Weg zum Bürgermeistersessel frei war für seinen ganze dreißig Jahre jüngeren Kontrahenten Mair. Nach dem zweiten Wahlgang war die Sache entschieden: Oberösterreich hatte einen Johann als Bürgermeister verloren und seinen derzeit einzigen Severin gewonnen.

Mit dem jüngsten Bürgermeister des Landes schaffte es Eferding – bis dahin eher für den Export seiner in Essig eingelegten Efko-Gurken bekannt – auch überregional in die Medien. Wobei der nunmehrige Bürgermeister Mair ohnehin angetreten ist, um seinen Wirkungsbereich zu vergrößern. Politisch bekennt sich Severin Mair klar zu andernorts oft als unpopulär aufgefassten Gemeindezusammenlegungen. Zwar zählt Eferding nur 4000 Einwohner. »Gefühlt sind es aber viel, viel mehr,« meint Mair. »Denn durch die umliegenden Gemeinden und das direkte Einzugsgebiet wohnen hier eigentlich 10 000 Menschen.«

Ebenfalls auf der Agenda in Eferding: die Wiederbelebung der Innenstadt. »Wir wollen wieder Gastronomie und

Betriebe ins Zentrum holen. Jetzt gibt es viel Leerstand und auch kaum mehr Lokale. Um das zu ändern, müssen wir einerseits die Vorstellungen privater Hausbesitzer an den Markt heranführen. Andererseits sind wir daran, Gastro-Ideen zu entwickeln, und versuchen, mit kreativen Ansätzen wieder Leute in die Innenstadt zu bringen.« Dabei gehe es ihm auch um klare, eindeutige Signale: »Vorher war das Ideal: möglichst wenig Lärm in der Wohnstadt. Aber jetzt wollen wir wieder Leben in der Stadt. Da ist es halt manchmal auch ein wenig lauter. Dazu muss man sich bekennen, denn nur so bleibt ein Ort für Junge wie für Ältere lebenswert.« Patentrezepte zu haben, behauptet der Nachwuchspolitiker allerdings auch nicht: »Das Thema wird uns noch länger den Kopf zerbrechen.«

15 Min. Informationsaustausch

Anderen, die ebenfalls bereit sind, sich zu engagieren und der Politik Freizeit zu opfern, rät Severin Mair zu Idealismus und Uneitelkeit: »Auch wenn in der Politik persönliche Befindlichkeiten manches erschweren – ich bin überzeugt, dass es notwendig ist, den Idealismus in den Vordergrund zu stellen.« Auch sein eigenes Studium leide – »zur Zeit extrem«. Nachsatz des Politikers: »Dessen war ich mir aber natürlich bewusst. Zu Beginn ist es hart, alles ist neu. Das Wintersemester an der Uni ist deshalb für mich gelaufen. Ich hoffe, dass ich im Sommersemester wieder Schritt für Schritt etwas erledigen kann.«

Von Vorteil könnte dabei vielleicht sein, dass ihm die Anwesenheit auf der Uni hilft, vom Alltag und dem politischen Geschäft abzuschalten. Denn die Politik ist auch zu Hause ein bestimmendes Thema. Vorerst wohnt Sohn Severin noch bei seinen Eltern, als Bürgermeister im Haus seines Vaters, des Oppositionspolitikers. Darauf angesprochen, lacht Severin Mair: »Ich versteh' mich mit dem Papa gut. Diskussionen sind legitim, und die gab es, bevor ich Bürgermeister war, ja auch schon – davor halt zu Hause, jetzt auch im Gemeinderat. Das ist gelebte Demokratie, innerfamiliär.«

Ein anderes Beispiel für gelebte Demokratie, das ebenfalls zeigt, dass es sich auszahlen kann, neue Konzepte und bislang Unerprobtes zu wagen, finden wir in der deutlich kleineren niederösterreichischen Gemeinde Groß-Schweinbarth. Auch dort ist es den konservativen Christlich-Sozialen gelungen, dem politischen Mitbewerber das Bürgermeisteramt abspenstig zu machen. Wobei sich ihr Konzept allerorts, von jeder Partei, auch von Bürgerlisten kopieren und anwenden ließe: Die Volkspartei legte sich nicht auf einen Spitzenkandidaten fest, sondern schickte drei passende Personen in die Wahl, eine Frau und zwei Männer. Nicht die Partei, sondern die Wähler selbst sollten direkt mittels Vorzugsstimmen entscheiden, wer im Falle eines Wahlsiegs der Bürgerlichen schließlich zum Ortsvorstand der 1300-Einwohner-Gemeinde wird.

Das Konzept ging voll auf. Während bei der im gesamten Bundesland gleichzeitig durchgeführten Wahl mancherorts die Verdrossenheit der Bürger und ein Rückgang der Wahlbeteiligung beklagt wurden, nahmen in Groß-Schweinbarth 89 Prozent ihr Wahlrecht wahr. Wobei die Volkspartei gleich 30 Prozent an Stimmen zulegte, eine absolute Mehrheit erreichte und sich die Groß-Schweinbarther für den weiblichen der drei konservativen Kandidaten entschieden. Die bei einer Bank beschäftigte Risikomanagerin Marianne Rickl bekam mehr Vorzugsstimmen als ihre beiden männlichen Mitkandidaten zusammen – welche nun als Vizebürgermeister beziehungsweise geschäftsführender Gemeinderat allerdings ebenfalls mit von der Partie sind.

Auch wenn ein großes Ego wohl kein Schaden ist – allzu große Eitelkeit ist im Gemeindeamt fehl am Platz. Und ganz ohne Idealismus wärst du als Bürgermeisterin sowieso eine Fehlbesetzung. Die Bezahlung wird eher keine Motivation sein. Denn nur ein sehr geringer Prozentsatz der Bürgermeisterinnen und Bürgermeister ist in der Lage, sein Engagement hauptberuflich zu bestreiten. Einmal abgesehen von größeren Gemeinden ist das monatliche Bürgermeistereinkommen fast vernachlässigbar. De facto handelt es sich bei der Kommunalpolitik fast durchwegs um ehrenamtlichen Einsatz – wohl mit ein Grund, warum laut *Handbuch Gemeindepolitik* aus dem Jahr 2013 bei einer Bürgermeisterbefragung 61 Prozent der Interviewten angaben, zur Übernahme des Amts überredet oder sogar dazu gedrängt worden zu sein. Vielerorts fällt es mittlerweile tatsächlich schwer, überhaupt Zeitgenossen zu finden, die sich für politische Ämter hergeben.

Genau das ist deine Chance, wenn du wirklich etwas bewegen willst. Werde Bürgermeisterin!

Nicht zuletzt ist jedes politische Engagement auch eine klare Absage an ein Dasein als passiver Konsument. »Wir müssen wieder Mut zur eigenverantwortlichen Gestaltung der Zukunft vermitteln und haben, denn für viele ist es selbstverständlich geworden, sie von anderen zur Verfügung gestellt zu bekommen«, also rein zu konsumieren. Von diesem von Martin B. Atzwanger, Ludwig Kapfer und Karl Staudinger im Reader *Meine Gemeinde* ausformulierten Credo darfst du dich durchaus direkt angesprochen fühlen. Ist deine konsumkritische Haltung mehr als bloß bequeme und im eigenen Milieu opportune Pose, dann ist es nur konsequent, nicht nur deine Kaufkraft politisch zu instrumentalisieren, sondern dein Engagement auch aktiv in die Sphäre des Politischen auszuweiten. Alles andere bleibt letztlich halbherzig.

Der Standpunkt, dass sich in einer globalisierten Welt im Kleinen ohnehin nur die Vorgaben des Großen auf lokale Maßstäbe herunterbrechen ließen, dass es kaum Handlungsspielraum gäbe, ist sowieso ein dummer Trugschluss. Wer derart resigniert, wird nirgendwo etwas bewegen oder gar voranbringen. Natürlich gibt es sie, die berüchtigten »Sachzwänge« – doch mit diesen schlägt sich eine Angela Merkel genauso herum wie eine Marianne Rickl oder ein Severin Mair. Außerdem lassen sich selbst aus der Opposition heraus oder manchmal auch als einfacher Bürger Tatsachen schaffen, die andere zwingen, Standpunkt zu beziehen, Strukturen zu ändern.

Einen wahrlich eindrucksvollen, jedenfalls weltweit beobachteten und von der BBC medial begleiteten Präzedenzfall schaffen derzeit, wie es aussieht, vereinte Ladenbesitzer im britischen Wales. In Crickhowell haben sich ein paar Kleinunternehmer und Gewerbetreibende zusammengetan und einen ungleichen Kampf aufgenommen. Ihr Ziel: der Gerechtigkeit Genüge zu tun und faire Bedingungen zu schaffen. Denn während etwa die lokale Buchhandlung oder das kleine Café am Eck in Crickhowell Steuern zahlen und damit Straßen, Schulen oder öffentliche Verkehrsmittel finanzieren helfen, haben es sich ihre globalen Mitbewerber – im konkreten Fall etwa die Starbucks-Kette oder Amazon – steueroptimiert gerichtet. Stichwort: Steuervermeidung.

Genau dieses Prinzip adaptieren die vereinigten Kleinunternehmer im Vereinigten Königreich nun für sich selbst: »Sie schauen sich gemeinsam die Tricks der großen Konzerne ab und machen sie nach«, berichtet *Die Presse* begeistert von den findigen Wirtschaftsaktivisten, die mit ihrem ausgearbeiteten Entwurf bei den Steuerbehörden antanzten, um damit Druck auf die Staatsfinanzen auszuüben. Ein Kamerateam der BBC begleitete die kleinunternehmerischen Steueroptimierer dabei, wie sie auf der Isle of Man eine Briefkastenfirma gründeten – eben um in Großbritannien keine Steuern mehr zahlen zu müssen. Die offensichtliche »Hidden Agenda«: Die Behörden können Kleinst- und Kleinunternehmern unter öffentlicher Beobachtung kaum verweigern, was sie den Konzernen durchgehen lassen.

Folgen allerdings auch andere Gemeinden und Gewerbeverbände dem Beispiel aus Crickhowell, dann würde in Großbritannien bald niemand mehr Steuern zahlen. Weshalb die Aktivisten davon ausgehen, dass die britische Finanz durch ihre Aktion auch die Steuerschlupflöcher für die Großen schließen wird. »Wir wollen doch Steuern zahlen, weil wir alle die lokalen Schulen und Spitäler nutzen«, zitiert *Die Presse* den Unternehmer Jo Carthew von der Black Mountain Smokery, der Lachsräucherei aus Crickhowell. »Aber wir wollen auch geänderte Gesetze, damit jeder seinen fairen Anteil leistet.«

Möglich, dass du dich als Bürgermeisterin dereinst mit solchen und anderen Aktivisten wirst herumschlagen müssen. Genauso möglich, dass du sie als weitsichtige Bürgermeisterin frech selbst zu solchen Aktionen ermutigst. Denn den Mutigen gehört die Welt. Also krieg deinen Arsch hoch! Wir sollten es nämlich wagen, Menschen, die sich politisch *nicht* einbringen, wieder als Idioten zu bezeichnen.

Buchtipps

Meine Gemeinde. Das österreichische Handbuch für Kommunalpolitik von Martin B. Atzwanger, Ludwig Kapfer und Karl Staudinger ist bereits 2000 im Grazer Gupe Verlag erschienen, liefert aber immer noch brauchbare Anregungen.

Handbuch Gemeindepolitik – nüchterner Titel, fundiertes Wissen, herausgegeben von der Politikwissenschaftlerin Kathrin Stainer-Hämmerle und Florian Oppitz, Professor für Öffentliches Recht und Europarecht an der FH Kärnten sowie Lektor an der Zeppelin Universität in Friedrichshafen. Lesenswert für jeden mündigen Bürger und letztlich spannend wie die Politik selbst. Erschienen 2013 im Verlag Österreich.

Reservier dir einen Platz im Waldfriedhof

Gibt es – das eigene Ende betreffend – etwas Romantischeres, als sich im Urwald beisetzen zu lassen? Gibt es ein aufrichtigeres *Zurück zur Natur*, als die Urne im Unterholz mächtiger Buchen und Eichen versenkt zu wissen? Wohl kaum. Verzichte auf einen Grabstein und markiere deine letzte Ruhestätte mit Totholz – und mittels GPS-Koordinaten.

Was bleibt? Nun, wem sich diese Frage nicht aufdrängt, der ist zu früh von uns gegangen. Alle anderen werden sie sich früher oder später stellen. Und die Antwort umfasst hoffentlich mehr als: »Ein Grabstein.«

Was ein erfülltes Leben ausmacht, liegt im eigenen Ermessen. Darüber hinaus hat jeder Einzelne aber die Möglichkeit, noch nach seinem Tod zum Weltnaturerbe beizutragen. Ein eigenes UNESCO-Programm kümmert sich mittlerweile darum, das »Weltnaturerbe Buchenurwälder Europas« zu sichern. Denn die Buche war lange Zeit der dominante Baum Europas. Seit der letzten großen Eiszeit haben Buchenwälder Baum für Baum die Eiche als vorherrschendes Gehölz zurückgedrängt – ein Jahrtausende andauernder Wettstreit ums Licht, der eigentlich noch im Gange wäre, hätten nicht menschlicher Kahlschlag, das Aufforsten mit schnell verwertbaren Nadelbäumen und das Setzen von Fichtenmonokulturen die dichten Buchenwälder weitgehend verschwinden lassen. Doch unter UNESCO-Kuratel sollen in den kommenden Jahrzehnten wieder »Urwälder von morgen« wachsen. Auch in Deutschland und Österreich.

Es ist ein kluges Zusammenspiel von Ökologie und Ökonomie, das aus einem Urwald an der Eifel in Rheinland-Pfalz einen *FinalForest* hat werden lassen. Die naturnahe Bestattung im »RuheForst« hat in der knapp 500 Einwohner zählenden Gemeinde Hümmel mittlerweile Tradition.

Seit ein paar Jahren fungiert der ortsansässige Förster Peter Wohlleben auch als eine Art Seelsorger. Er kümmert sich nicht nur um seine Bäume und das ökologische Gleichgewicht im Holz, sondern auch um die Hinterbliebenen derer, die beschlossen haben, sich hier begraben zu lassen. Denn der »RuheForst« ist ein Waldfriedhof ohne Gräber. Aus Naturschutzgründen ist in Wäldern zwar keine klassische Erdbestattung erlaubt. Doch mittlerweile haben über 3500 Menschen aus aller Welt ihre letzte Ruhestätte im Forst gefunden; eingeäschert und in Buchenholzurnen begraben. Gemeinsam hat etwa auch eine Reihe von Deutschland-Auswanderern vorgesorgt und sich ein ruhiges Plätzchen im Wald gesichert. Dorthin gedenken sie dereinst – irgendwann wieder im Freundeskreis vereint – in die alte Heimat zurückzukehren.

Klassische Friedhofsbesucher begegnen einem hier im Forst keine. »Frequenz am Friedhof bringt ja normalerweise die Pflanzenpflege, das Gießen der Gräber. Das gibt's bei uns aber nicht«, erklärt Förster Peter Wohlleben. Als Teil der Natur hat man das Areal bewusst nicht eingezäunt. Auf allen Zugangswegen weisen uns jedoch Schilder darauf hin, dass wir gerade einen Friedhof betreten. Jogger und Mountainbiker bleiben dennoch aus. Weniger aus Pietät, sondern vielmehr, weil alle Wege vorbeugend als Sackgasse angelegt wurden. Sportler geben zumeist Rundwegen den Vorzug. »Hier ist nicht die Hölle los.« Eher kommen die Hinterbliebenen zum Sonntagsausflug oder schauen zum Waldpicknick im »RuheForst« vorbei.

Seit 2014 gibt es in Hümmel den *FinalForest*. Das Konzept hat der Förster und Waldschützer Wohlleben gemeinsam mit ForestFinance entwickelt, einem Investment-Anbieter aus dem nahen Bonn, der sich schon seit 1995 um nachhaltige Wald-Investments verdient gemacht hat. Es sieht vor, den ältesten Teil des Gemeindewaldes – einen rund 4000 Jahre alten Buchenurwald – komplett aus der forstwirtschaftlichen Nutzung zu nehmen und ihn durch seine Umfunktionierung zum Waldfriedhof als Urwald zu erhalten. Streng genommen haben wir es hier in Hümmel zwar nur mit einem »urwaldnahen Wald« zu tun, weil in früheren Zeiten sehr wohl immer wieder Bäume gefällt wurden. Forscher der nahen Universität Aachen haben im urtümlichen Buchenwald allerdings zahlreiche »Urwaldreliktarten« entdeckt. Also beispielsweise Käfer, die nicht fliegen können. Aus vergleichenden Studien schließt man: Wären die Flächen im Mittelalter als Äcker genutzt worden, wären die Insekten verschwunden. »Wir wissen, dass wir uns auf ungestörtem, altem, durchgehend von Bäumen beschattetem Urwaldboden bewegen«, erzählt Peter Wohlleben.

Das Prinzip der Waldbestattung ist freilich nichts Neues. Wahrscheinlich wurde auch zu Urzeiten nichts anderes praktiziert. Und auch im naturschwärmerischen Zeitalter der deutschen Romantik war es nach der Nüchternheit der Aufklärung schon einmal in Mode gekommen, den Weg alles Irdischen im Wald zu Ende gehen zu lassen. Damals strebten vor allem vermögende Landherren und Gutsbesitzer danach, im Dickicht der eigenen Latifundien begraben zu werden.

Heute braucht es für eine letzte Ruhestätte im Wald weder ein großes Vermögen noch eigene Ländereien. Einige Hundert Waldfriedhöfe gibt es in Deutschland mittlerweile. Mit »der krausen Welt modernen Druidentums« (wie der renommierte Wiener Germanist und Keltologe Helmut Birkhan die neuheidnischen Ideologien bezeichnet) haben sie nichts gemein. Oft werden sie forstwirtschaftlich genutzt, mit schweren Maschinen sogar, und auch zu Jagdzwecken. Druiden wird man in Hümmel ebenfalls vergeblich suchen, darüber hinaus ist der *FinalForest* aber gänzlich anders als andere Waldfriedhöfe. Schwere Maschinen sind verpönt, die wuchernde Wildnis erwünscht, die Jagd gänzlich untersagt – und auch in den umliegenden Gemeindewäldern stark eingeschränkt. Weshalb hier die geschonten Füchse, manch Marder und Dachs weniger scheu und – wie es eigentlich ihrem Naturell entspricht – oft tagaktiv herumstreifen. Sogar die schwer bedrohte Wildkatze lässt sich hier manchmal beobachten, kaum dass die Friedhofsbesucher weg sind.

Genau genommen müssen wir im *FinalForest* mit seinen 23 Hektar ohnehin vor allem einen »FutureForest« sehen. Denn der Wald ist – von der sonnigen Südseite über felsige Stellen bis unter knorrige Eichen hin – in mindestens hundert Quadratmeter große Gedenkhaine unterteilt, deren Pacht die Verstorbenen noch zu Lebzeiten auf 99 Jahre hin vorstrecken. Bis zu zehn Urnen können in so einem Hain bestattet werden. Wobei der Pächter entscheidet, wer sonst noch in seinem Hain unterkommen darf. Beliebt sind etwa »Familiengräber« oder Ruhestätten von Freundeskreisen.

Einäscherung
80 kg

Wer darauf besteht, kann außerdem einen dezenten Gedenkstein – einen zwanzig mal zwanzig Zentimeter großen Quader aus ortstypischer Ahrgrauwacke – anbringen lassen. Und auch einige Einzelgrabstätten gibt es im *FinalForest*, dessen Wege übrigens behindertengerecht und rollstuhltauglich gestaltet wurden. Doch auch wenn es im Urwald keinen Grabstein im klassischen Sinn gibt: Die letzte Ruhestätte unterm Baum oder am Baumstumpf ist punktgenau verzeichnet – ihre Koordinaten werden mittels GPS-Pin markiert. »Am Waldweg« gelegen, das klingt nicht nach der schlechtesten letzten Adresse.

Wenn du dich im Urwaldurnenhain zur Ruhe legst, denkst du dabei gleich in mehrfacher Hinsicht an deine Nachgeborenen. Auch wenn es fürs Erste vielleicht ungewöhnlich scheint, auf Altbekanntes wie eine Gruft am Friedhof zu verzichten, und manch Kritiker bereits einen Niedergang unserer althergebrachten Gedenkkultur beanstandet: Es gibt auch für Angehörige Schöneres, als im tristen Umfeld einer artifiziellen Gräberreihe Abschied von einem Verstorbenen zu nehmen. Darüber hinaus ist es auch Jahre später schöner, zu einem Baum inmitten unberührter Natur zurückzukehren als an einen deprimierenden Ort, wie es Friedhöfe oft sind.

Und nicht zuletzt ist so ein Urwaldgrab im Buchenhain mit keinerlei laufenden Kosten verbunden. Einmal bezahlt, ist der Bestand des Waldes für 99 Jahre gesichert. Gepflegt muss und soll nichts werden. Denn gerade auch abgestorbenes Totholz und umgefallene Baumriesen gehören in einen Urwald und machen ihn so besonders attraktiv und artenreich. Nur punktuell werden von Baumpflegern morsche Äste entfernt, damit für Besucher des Waldfriedhofs keine Gefahr besteht. Mit weniger als 1000 Euro Pacht investierst du also in eine intakte Umwelt, kannst Dinge frühzeitig klären, die ohnehin einmal auf dich zukommen werden, und ersparst der Verwandtschaft Wege und Kosten. Zum Vergleich: 2012 hat die Stiftung Warentest erhoben, dass die Kosten für einen 20 Jahre laufenden Dauerpflegevertrag auf konventionellen Friedhöfen durchschnittlich 4900 Euro für ein Urnengrab ausmachen. Für ein Erdgrab fallen sogar Kosten von etwas mehr als 10 000 Euro an.

Begräbnis im Sarg

Was also bleibt, wenn du dich im Urwald bestatten lässt? Nun: weniger Kosten. Und jedenfalls ein 99 Jahre währendes Vermächtnis. Asche zu Asche, Back to the Roots, Rest in Trees.

Tipps

Schon seit 1995 ermöglicht das Bonner Unternehmen ForestFinance nachhaltige Waldinvestments. 15 000 Kunden haben bislang dafür gesorgt, dass in Panama, Kolumbien, Peru und Vietnam ehemalige Weideflächen wiederaufgeforstet werden. Auch bereits aufgeforstete Monokulturen werden in Mischforst umgewandelt. 2010 zahlte ForestFinance erstmals Erträge aus (die aus Durchforstung stammen – also nicht aus großflächigem Kahlschlag). Die angebotenen Investment-Produkte hören auf klingende Namen wie BaumSparVertrag, WoodStockInvest oder CacaoInvest. In Deutschland betreibt das Unternehmen auch den *FinalForest*-Waldfriedhof in Rheinland-Pfalz.

www.forestfinance.de

Eine Ruhestätte in urwaldnahem deutschem Wald für mindestens 99 Jahre gibt es ab 895 Euro inklusive Gemeinschaftsgrabstein – Motto: »Vorsorgen und Gutes tun«.

www.finalforest.de

Klingt zunächst befremdlich, ist aber sinnvoll: die *Förderung der Biodiversität auf Friedhöfen*. Unter diesem Titel hat das Nachhaltigkeitsmanagement der Wiener Stadtwerke eine umfangreiche Studie zusammengestellt. Denn Friedhöfe gehören als extensiv gepflegte Parklandschaften mit ihren Hecken, Wiesen und Alleen, mit ihren Büschen, Mauern, Gräbern und Gruften zu den artenreichsten Lebensräumen überhaupt. Und das gilt nicht nur in Ballungsräumen, sondern auch für den Friedhof im Dorf. Wo sonst finden Fledermaus, Feldhamster, Singvögel, Insekten, Spinnen, aber auch größere Säugetiere heute noch Flächen, die weitgehend ihnen überlassen bleiben? In Zeiten des Klimawandels könnten Friedhöfe auch helfen, die steigenden Temperaturen in den Städten halbwegs auszugleichen. Stichwort: Mikroklima.

www.nachhaltigkeit.wienerstadtwerke.at

Peter Wohlleben ist nicht nur Forstseelsorger im *FinalForest*, sondern als Waldwirtschaftsrebell und Bestsellerautor der vielleicht bekannteste Förster Deutschlands. *Der Wald. Ein Nachruf* (erschienen im Ludwig Verlag) bezieht sich nicht auf seinen Alltag im RuheForst, sondern auf das, was die moderne Forstwirtschaft aus dem gemacht hat, was wir einmal Wald nannten.

Merci beaucoup!

So ein Buch schreibt sich ja nicht ganz allein. Es braucht Einflüsterer, Vertrauensleute und begeisterungsfähige Menschen, die dich weiterempfehlen. Die dir Tipps geben, dich ermuntern und ermutigen. Ihnen allen möchte ich danken. Sie haben dieses Buch mit ermöglicht. Danke, euch allen:

Diana Groza – fürs Lesen, für Feedback, Anregungen und den gelegentlichen Tritt in den Arsch.

Meinen Eltern – für alles.

Meinem Bruder Dietmar, seiner Freundin Isabell sowie Lisa und Philipp – fürs Dasein und die Unterstützung, dass die entbehrungsreiche Zeit der Recherche und des Schreibens an Abenden und Wochenenden für meine Kinder eine erfüllende bleibt.

Meinen alten Lehrern Alma Semmler, Uwe Wolf, Kurt Uibelacker, Willi Reschl und Elisabeth Tulla – für ein mehr als brauchbares Koordinatensystem.

Manuel Fronhofer – fürs Pingeligsein beim Probelesen.

Meinem Lektor Stephan Gruber für seine Geduld und meiner Verlegerin Claudia Romeder für das Vertrauen, sich auch auf ein zweites gemeinsames Buch einzulassen. Danke auch an Heidi Selbach, Nina Stren und Anjana Guschelbauer vom Residenz Verlag.

Ohne Martin Strele, Simon Vetter und Laura Meusburger (Kairos) würde es dieses Buch ebenso wenig geben wie ohne Axel Steinberger (integral ruedi baur).

Wertvolle Hinweise kamen von Andrea Wechsler, Anne Zimmermann (Departure), Annemarie Harant, Ekkehard Lughofer (Adamah BioHof), Richard Mahringer, Katharina Kiesenhofer, Hans-Jörg Ulreich, Amadeus Maximilian Markowski, Hassaan Hakim (Yool), der Bloggerin Lea Hajner, Reinhard Gessl (FiBL Österreich), Martin Lengauer, Piotr Dominik und Monika Gorczyca (Super-Fi Poland), Moriz Piffl (Zum Gschupftn Ferdl), Theresa Gral (WWF), Johannes Everke (Hamburg Marketing), Werner Steinke (Behörde für Umwelt und Energie in Hamburg), Christian Einzinger, Bernhard Schmidt, Niko Alm, Heidi List (und ihren Eltern) sowie Andreas Ziermann (Naturland) und Brigitte von Fragstein aus der Tierarztpraxis Michling in Wilhelmshaven.

Farid Hafez hat für mich recherchiert, ob Feigen auch im Islam sexuell konnotiert sind. Nina Mohimi hat mich in nächtlichen Chats mit ihrem Obelix-Wissen beeindruckt, von Johannes Luxner habe ich mir den Vergleich, Zucker wäre das Heroin der Senioren, geborgt.

Daniel Kosaks Einladung, einen Gastbeitrag für das Jahrbuch des Österreichischen Gemeindebundes zu verfassen, verdanke ich die Idee für mein Kapitel »Hack die Thujen klein«. (In dem Band empfehle ich Bürgermeistern übrigens unter anderem eine Abwrackprämie für Bürger, die ihre Thujenhecke abholzen.)

Kurt Langbeins Film *Landraub* gab den finalen Anstoß für das Dubai-Kapitel; auch Bloggerin Lisa Vock war daran nicht unbeteiligt.

In Christian Harfmanns »Casa Lisa« in Cund/Reußdorf habe ich Michael Wagners *Schicksale und Erinnerungen. Zeitgeschichten aus der Vergangenheit eines siebenbürgischen Dorfes* (Hora Verlag, Hermannstadt 2002) entdeckt und in einer Nacht durchgelesen.

Fred Kranich hat mich vor geraumer Zeit mit einiger Hartnäckigkeit auf die Bücher Peter Wohllebens aufmerksam gemacht. Danke, danke, danke!

Auch meine Kollegen beim Magazin *Biorama* – Martin Mühl, Jürgen Schmücking, Micky Klemsch und Thomas Stollenwerk – haben das eine oder andere beigetragen.

Auch ohne die unermüdlichen, fast immer ehrenamtlichen Organisatoren von Lesungen und den anschließenden Diskussionsveranstaltungen hätte ich dieses Buch so nicht schreiben können.

Nicht zuletzt fühle ich mich meinen Twitter-Followern und Facebook-Kontakten zu Dank verpflichtet, die sich immer wieder als intelligente, bei der Recherche hilfreiche Crowd erwiesen und mir bei der Beantwortung so mancher Detailfrage geholfen haben.

Zeit zum Lesen hatte ich beim Schreiben leider wenig. Zwischendurch Ablenkung verschafft haben mir die Texte von Stefanie Sargnagel und Miguel de Cervantes. Auch dafür: Danke!

Bibliografische Information der Deutschen Nationalbibliothek
Die Deutsche Nationalbibliothek verzeichnet diese Publikation in der Deutschen Nationalbibliografie; detaillierte bibliografische Daten sind im Internet über http://dnb.dnb.de abrufbar.

www.residenzverlag.at

Umschlaggestaltung und grafische Gestaltung/Satz: integral ruedi baur zürich
Piktogramme: integral ruedi baur zürich
Lektorat: Stephan Gruber, feintext.eu
Gesamtherstellung: NP DRUCK, St. Pölten
ISBN 978-3-7017-3386-6